essentials

essentials liefern aktuelles Wissen in konzentrierter Form. Die Essenz dessen, worauf es als „State-of-the-Art" in der gegenwärtigen Fachdiskussion oder in der Praxis ankommt. *essentials* informieren schnell, unkompliziert und verständlich

- als Einführung in ein aktuelles Thema aus Ihrem Fachgebiet
- als Einstieg in ein für Sie noch unbekanntes Themenfeld
- als Einblick, um zum Thema mitreden zu können

Die Bücher in elektronischer und gedruckter Form bringen das Fachwissen von Springerautor*innen kompakt zur Darstellung. Sie sind besonders für die Nutzung als eBook auf Tablet-PCs, eBook-Readern und Smartphones geeignet. *essentials* sind Wissensbausteine aus den Wirtschafts-, Sozial- und Geisteswissenschaften, aus Technik und Naturwissenschaften sowie aus Medizin, Psychologie und Gesundheitsberufen. Von renommierten Autor*innen aller Springer-Verlagsmarken.

Mario H. Kraus

Wohnungsmarkt in Deutschland

Schnelleinstieg für Architekten und Bauingenieure

Mario H. Kraus
Berlin, Deutschland

ISSN 2197-6708   ISSN 2197-6716   (electronic)
essentials
ISBN 978-3-658-43272-0   ISBN 978-3-658-43273-7   (eBook)
https://doi.org/10.1007/978-3-658-43273-7

Die Deutsche Nationalbibliothek verzeichnet diese Publikation in der Deutschen Nationalbibliografie; detaillierte bibliografische Daten sind im Internet über http://dnb.d-nb.de abrufbar.

Planung/Lektorat: Karina Danulat
Springer Vieweg ist ein Imprint der eingetragenen Gesellschaft Springer Fachmedien Wiesbaden GmbH und ist ein Teil von Springer Nature.
Die Anschrift der Gesellschaft ist: Abraham-Lincoln-Str. 46, 65189 Wiesbaden, Germany

Das Papier dieses Produkts ist recyclebar.

Was Sie in diesem *essential* finden können

- einen Überblick über den deutschen Wohnungsmarkt.
- einen Ausblick auf künftige Herausforderungen für die Branche.
- einen Einblick in Geschichte und Rahmenbedingungen des Wohnens.

Vorwort

Wer sich über 20 Jahre lang mit Fragen der Wohnungswirtschaft befasst, lernt zwangsläufig etwas über die Gesellschaft und über Ursache-Wirkungs-Beziehungen. Es gab und gibt zahlreiche Muster zu erkennen. Was mit der Beilegung alltäglicher Streitigkeiten begann, führte mich zur Geschichte und Entwicklung von Städten – und seit einigen Jahren zum Nachdenken über die künftigen Lebensverhältnisse. Zwei Jahre davon konnte ich bei dem Stadtforscher Prof. Dr. Hartmut Häußermann (*1943, †2011) an der Humboldt-Universität zu Berlin lernen.

Die „Wohnungsfrage" in Deutschland stellt sich – gerade was Berlin und andere große Städte betrifft – schon seit den letzten Regierungsjahren Friedrichs des Großen (also seit knapp 250 Jahren). Staatliche Lösungsansätze beruhen nach wie vor auf Verfahrensweisen, die seit der Umstellung auf die Kriegs- und Planwirtschaft im Jahr 1914 entwickelt und erprobt wurden (also seit 110 Jahren). Demzufolge ist diese Wohnungsfrage nicht an eine bestimmte Gesellschaftsordnung gebunden (davon gab es seither bekanntlich mehrere), sondern zieht sich durch die Geschichte. Das wiederum bedeutet, dass weltanschauliche Ansätze offenkundig nicht weiterhelfen: Es gilt, die zeitlosen, epochenübergreifenden Grundbedürfnisse von Menschen zu erkennen und zu lernen, mit knappen Ressourcen zu wirtschaften. Der Klimaschutz muss dabei, wie auch in anderen Lebensbereichen, künftig den großen Rahmen des Handelns markieren.

Daraus lassen sich im Einzelnen weitere Schlüsse ziehen – dass Leidensdruck in Gesellschaften niemals gleich verteilt ist, dass es sinnvoll ist, sich eine Nische zu suchen, da es eine Lösung für alle Betroffenen sowieso nicht gibt, oder dass es sich lohnt, für gesellschaftliche Veränderungen einzutreten. Für die Wohnungs- und Grundstückswirtschaft gibt es zunächst gute Botschaften: Gewohnt wird in guten und weniger guten Zeiten; die Branche ist zudem deutlich weniger erklärungs- und rechtfertigungsbedürftig als so mancher Technologiekonzern. Es geht um langfristige Geschäftsgegenstände, und mit ihnen ließ sich bisher und lässt sich weiterhin Geld verdienen.

Doch die Gesellschaft ist in Bewegung, in Deutschland, Europa und der Welt. Wir leben im *Anthropozän,* dem Zeitalter menschlichen Einflusses auf einen ganzen Planeten. Niemand kann wissen, was bis zur Jahrhundertmitte geschieht, wenngleich einige Entwicklungen wahrscheinlicher sind als andere. Eine gründliche Bestandsaufnahme ist allemal hilfreich: Ursprünglich wollte ich hier Zahlen des letzten Zensus verwenden; doch diese werden nach derzeitigem Stand erst im Frühjahr 2024 veröffentlicht. Ein lebensnahes Gesamtbild ergibt sich trotzdem.

Ich danke dem Verlag Springer Vieweg, Wiesbaden, insbesondere Karina Danulat, für die Möglichkeit, diese Ausführungen veröffentlichen zu können.

Mario H. Kraus

Inhaltsverzeichnis

Wohnen und Gesellschaft

Mit der Entstehung sesshafter und arbeitsteiliger Gesellschaften begann von 10.000–12.000 Jahren ein neuer Abschnitt der Menschheitsgeschichte: Das Ende der letzten Eiszeit markierte nach heutiger Geschichtsauffassung den Übergang vom *Pleistozän* zum *Holozän*. Für die damaligen Menschen brachte es die Mühen der Landwirtschaft mit Ackerbau und Viehzucht; die Nahrung wurde karger, die Gesundheit litt, die Lebenserwartung (zumindest bei denen, die die harte Arbeit verrichteten) war geringer als bei so manchen jagenden und sammelnden Vorfahren.

Nach und nach aber gelang es, Überschüsse zu erwirtschaften, Vorräte anzulegen, Handel zu treiben. Nahrungsmittel zu lagern und Tiere zu halten erfordert Bauwerke. Das gesamte Leben der Menschen veränderte sich; nicht mehr nur Höhlen und Zelte wurden bewohnt. Ortsfeste Gebäude, langlebige – bemessen an den damaligen Lebensspannen – Bauten wurden sinnvoll.

Seither dient das Wohnen seit Jahrtausenden verschiedenen, aber stets grundlegenden Bedürfnissen – Sicherheit vor Wetter und Gewalt, Geborgenheit der Familie, Schutz der Habseligkeiten, aber auch Streben nach Selbstbestimmung und Besitz oder Zugehörigkeit zu bestimmten Gruppen. Folgerichtig zeigten sich Machtbewusstsein und Herrschaftswillen an und in den Behausungen des Stammesführer und Sippenältesten. Das Haus als Statussymbol gibt es bis heute in allen Teilen der Erde, sei es das schmucke Eigenheim oder die Villa, sei es die moderne Konzernzentrale oder das Regierungsgebäude.

Mit der Große der Siedlungen – sowie der jahrhundertelang gepflegten Nähe von Mensch und Nutztier – wuchsen jedoch die Gefährdungen durch Seuchen und Brände, Überschwemmungen und Krieg. In manchen Gegenden der Erde sind Vulkanausbrüche und Erdbeben hinzuzurechnen. Auch das hat sich in der

M. H. Kraus, *Wohnungsmarkt in Deutschland,* essentials,
https://doi.org/10.1007/978-3-658-43273-7_1

jüngeren Geschichte im Wesentlichen nicht geändert, wobei die Risikofaktoren auf der Welt seit jeher sehr unterschiedlich verteilt sind.

Mietverhältnisse und Mietwohnungen werden heute gedanklich meist verbunden mit den kleinteiligen, bürgerlichen, städtischen Haushalten, die in Deutschland erst seit etwa 250 Jahren entstanden sind. Gewiss gab es in den Städten schon lange Zeit eine mehr oder minder gut gestellte Schicht, vorrangig aus Kaufleuten und Handwerkern. Doch die lebten mit ihrem teils recht großen Haushalt (und dem einen oder anderen Nutztier) in eigenen Häusern, kaum anders als auf dem Lande.

Nicht selten war das Bürgerrecht einer Stadt, später das Wahlrecht, an städtischen Grundbesitz gebunden; das ermöglichte, die Machtverhältnisse zu sichern und weniger erwünschte Einheimische (darunter immer wieder auch Mitmenschen jüdischen Glaubens, selbst im vergleichsweise aufgeklärten friderizianischen Preußen) oder Fremde heraus- oder kleinzuhalten. Im preußischen Berlin galt das alte Dreiklassenwahlrecht mit gewichteten Stimmen bis 1918.

Im 19. Jahrhundert wurden die europäischen Städte geprägt. Es entstanden verschiedene bauliche Funktionstypen wie das Kaufhaus, der Bahnhof, das Stadion sowie öffentliche Räume mit Plätzen und Parks für die gesamte Bevölkerung; Krankenhäuser und Schulen waren nicht neu, auch Straf- und Irrenanstalten hatte es schon vorher gegeben. Doch nun änderten sich Größenordnungen und Rahmenbedingungen. Wettbewerb und Staat wirkten in wechselnden Kräfteverhältnissen. Auch Mehrfamilienhäuser gab es schon lange; die ersten Mietskasernen entstanden nicht in Berlin oder New York, sondern vor etwa 2000 Jahren in Rom. Doch das Entstehen der Kleinhaushalte unter den Bedingungen von *Kapitalismus* und *Globalisierung* ermöglichte einen kleinteiligen, erlebbaren Fortschritt für große Bevölkerungen (Nahverkehr, Haushaltsgeräte, Schulbesuch, Anbindung an Wasser-/Gas-/Stromnetze, …); Teilhabe wurde möglich, wenngleich diese anfangs längst nicht die weit verbreitete Armut überwinden konnte (Trentmann, 2019).

Ortsbindungen sind nach wie vor gesellschaftlich heikel, da bedeutungsgeladen. Menschliches Dasein ist naturgemäß erdgebunden, bedarf also mehr oder minder großer Teile der Erdoberfläche. So ist Bauen, Wohnen, Siedeln seit den Anfängen mit Besitzordnungen ebenso wie Heimatbegriffen verbunden. Dass dies nicht nur Teil einer friedvollen und fortschrittsgeneigten Entwicklung war, zeigt der Blick in die Geschichte. Krieg wurde und wird nicht nur um Rohstoffe oder Weltanschauungen geführt, sondern um (Einfluss-)Gebiete.

Die Weltbevölkerung zählt derzeit mehr als 8 Mrd. Menschen, wird 2035–2040 9 Mrd. erreichen (von denen dann etwa zwei Drittel in städtischen Siedlungsräumen leben), später nach unterschiedlichen Rechenansätzen entweder in der zweiten Jahrhunderthälfte auf über 10 Mrd. anwachsen oder bis zum Jahrhundertende unter den heutigen Wert fallen. Weltweite Wanderungs- und Fluchtbewegungen aufgrund von Kriegsgeschehen und Wirtschaftskrisen umfassen heute etwa 1 % der Weltbevölkerung; bis 2050 könnte dieser Anteil auf 5 oder gar 10 % steigen. Selbst nach vorsichtigen Schätzungen schrumpft im selben Zeitraum der besiedel- und nutzbare Anteil der Oberfläche des Planeten auf 10 % (Vollset et al., 2020; Karacsonyi et al., 2021; Khanna, 2021; UN/DESA, 2022).

Wohnen und Lebenswelt

Die Phänomenologie (griech. *phainomenon,* Erscheinung) ist ein geisteswissenschaftlicher Arbeitsansatz, der sich den alltäglichen Erscheinungen in den verschiedenen Lebenswelten der Menschen widmet, dem Dasein und den vielfältigen Gefühlen und Absichten, Hoffnungen und Befürchtungen, die damit verbunden sind. Die grundlegenden deutschsprachigen Arbeiten stammen von *Edmund Husserl* (*1859, †1938), *Martin Heidegger* (*1889, †1976), *Otto F. Bollnow* (*1903, †1991), *Hermann Schmitz* (*1928, †2021), *Bernhard Waldenfels* (*1934) oder *Peter Sloterdijk* (*1947).

Heidegger und sein Schüler *Bollnow* versuchten ihre zeitweilige Nähe zum NS-Regime nach dem Kriege zu verarbeiten, ebenso die Kriegszerstörungen und den wachsenden Einfluss moderner *Technologie* auf das alltägliche Leben. Dabei dachten sie geschichtlich; Wohnen als Ausdruck des Daseins und der Zusammenhang zum Bauen erschien ihnen überaus bedeutsam. Tatsächlich bedeutete das altdeutsche Wort „bauen" einst ein Wohnen, ein Ansässigsein, auch ein Bestellen das Landes; Bauer und Nachbar (Nach-Bauer) sind davon abgeleitet. Zu selben Zeit bedeutete „wohnen" wiederum ein Verweilen, ein Sich-Aufhalten, ein Hierhin- und Dazugehören; Sesshaftigkeit verweist stets auf eine Dauerhaftigkeit. So zeigt sich in den Wurzeln der Sprache das Spannungsverhältnis, das die vergangenen 10.000 Jahre bis in die Neuzeit bestimmte und weiter bestimmen wird: Menschen sind körperlich vorhanden, müssen sich irgendwo und irgendwie bergen, es geht aber um viel mehr. Die Ränder vieler großen Städte zeigen es anschaulich: Der Unterschied zwischen dem Eigenheim mit Grundstück und der Großblocksiedlung (oft dicht beieinander errichtet) ist ein Abbild gesellschaftlicher Zustände, nicht zuletzt des Ringens um Selbstfindung und Selbstverständnis.

M. H. Kraus, *Wohnungsmarkt in Deutschland,* essentials,
https://doi.org/10.1007/978-3-658-43273-7_2

„Bauen ist eigentlich Wohnen. Das Wohnen ist die Weise, wie die Sterblichen auf der Erde sind. ... Der Bezug des Menschen zu Orten und durch Orte zu Räumen beruht im Wohnen. Das Verhältnis von Mensch und Raum ist nichts anderes als das wesentlich gedachte Wohnen. ... Deshalb ist das Bauen, weil es Orte errichtet, ein Stiften und Fügen von Räumen. ... So prägen denn die echten Bauten das Wohnen in sein Wesen und behausen dieses Wesen. ... Das Wesen des Bauens ist das Wohnenlassen. Der Wesensvollzug des Bauens ist das Errichten von Orten durch das Fügen ihrer Räume. ...

Das Wohnen aber ist der Grundzug des Seins, demgemäß die Sterblichen sind. Vielleicht kommt durch diesen Versuch, dem Bauen und Wohnen nachzudenken, um einiges deutlicher ans Licht, dass das Bauen in das Wohnen gehört und wie es von ihm sein Wesen empfängt. Genug wäre gewonnen, wenn Wohnen und Bauen in das Fragwürdige gelangten und so etwas Denkwürdiges bleiben. ... Die eigentliche Not des Wohnens beruht darin, dass die Sterblichen das Wesen des Wohnens immer erst wieder suchen, dass sie das Wohnen erst lernen müssen.“ (Heidegger, 1985/1951).

„Das Wohnen ist eine Grundverfassung des menschlichen Lebens, die erst langsam in ihrer vollen Bedeutung erkannt wird. Der Mensch wohnt in seinem Hause. Er wohnt in einem allgemeinen Sinn auch in der Stadt. Aber Wohnen ist mehr als bloßes Sein oder Sich-Befinden; denn diese beiden stehen zum Raum nur in einem äußeren Verhältnis. ... Wohnen aber heißt, an einem bestimmten Ort zu Hause sein, in ihm verwurzelt sein und an ihn hingehören. ... Damit der Mensch au der Erde an einem festen Ort wohnen kann, genügt es nicht, sich nur flüchtig irgendwo niederzulassen, sondern es bedarf erst einer besonderen Anstrengung. ...

Damit die Wohnung das Gefühl der Geborgenheit vermittelt, braucht sie nicht nur nach außen den Schutz, der den Eindringling abwehrt, sondern sie muss auch nach innen so durchgeformt sein, dass die den Bedürfnissen des darin Wohnenden entgegenkommt, sodass ein Geist der Ruhe und des Friedens von ihr ausstrahlt. Es entsteht die Frage nach der Wohnlichkeit des Wohnens. ...

Der Mensch kann in der Tat die Wohnung wechseln (wenn es in manchen Fällen auch bis zur seelischen Erkrankung führen kann), und der Mensch kann nach dem Verlust der alten eine neue Heimat finden. Aber wenn auch die bestimmte Wohnung und die bestimmte Heimat wechseln, so wird die grundsätzliche Wichtigkeit von Haus und Heimat dadurch nicht berührt, umso wichtiger wird vielmehr die Aufgaben, die Ordnung des Wohnens und die Geborgenheit des Hauses am neuen Ort neu zu begründen. ...

So wird die Wohnung zum Ausdruck eines Menschen, der sie bewohnt, ein Raum gewordenes Stück dieses Menschen selbst. Darum kann sie auch nur in demselben Maße wohnlich sein, als der betreffende Mensch zu wohnen versteht.“ (Bollnow, 1976/1963).

Die knapp 80 Jahre seit dem II. Weltkrieg waren wechselhaft, führten aber auf unterschiedlichen Wegen in West- und Ostdeutschland zu weiterer Kleinteiligkeit: Großfamilien bilden nur noch eine kleine Bevölkerungsgruppe; Wohnen in der Kleinfamilie, als Paar oder allein sind am weitesten verbreitet. Die Bedeutung der *Privatsphäre* hat zugenommen, so scheint es zumindest; tatsächlich wurde mit der Entwicklung des *World Wide Web* in den letzten 20 Jahren ein Teil der Lebensführung in das Netz verlagert: Selbstverständlichkeit für die die meisten der heutigen Altersgruppe zwischen 15 und 50, ergänzten oder ersetzten neue Vernetzungen die bisherige Nahanwesenheit durch Fernanwesenheit *(Interaktivität)*. Das Leben hat sich dadurch teils vereinfacht, teils aufgefächert; neue Verhaltens- und Rollenmuster sind entstanden, in der Arbeitswelt und in allen Lebensbereichen. Sloterdijk widmete sich schon vor einem Vierteljahrhundert ausgiebig dieser Grundspannung zwischen Vereinzelung und Vereinsamung, Selbstfindung und Sinnsuche einerseits und großräumigen Zusammenhängen, genannt Gesellschaft, andererseits:

„Seit jeher sind die Menschen engagiert in dem Vorhaben, so viel wie nötig von dem, was außen begegnet, nach innen zu ziehen und so viel Äußeres wie möglich von Herd des guten Lebens fernzuhalten. ... Wohin sie auch kommen, wo immer sie sich niederlassen; sie haben stets ihr Vermögen dabei, ihren eigentümlichen Innenraum und dessen Stimmung selbst zu schaffen. ...

‚Erinnerung‘ ist zunächst immer nur die Erfahrung, dass es vor unserer Lage in diesem Raum andere Lagen in anderen Innenwelten gegeben hat. Darum ersetzt jede Wand eine Wand, jeder Innenraum verweist auf einen anderen, jede Trennwandschöpfung denkt einen früheren Bergungsgedanken weiter, jedes Wohnen geht auf eine ältere Innenhaftigkeit zurück. Je größer das Risiko des Außenlebens wird, desto mehr sieht sich das gefährdete Leben dazu veranlasst, Speicher anzulegen, in denen Erinnerungen als Lebensmittel für Prüfungszeiten gehortet werden. ...

Das Haus war während der letzten zwei Jahrtausende der wichtigste Raumgedanke der Menschheit, weil es die leistungsfähigste Übergangsgestalt zwischen der ursprünglichen Seinsweise der Menschen in wandlosen Selbstbergungen und dem modernen Aufenthalt in entseelten Gehäusen darstellt. ...“ (Sloterdijk, 1999).

„Nachbarschaftliche Verbindung und Getrenntheit voneinander sind als zwei Seiten desselben Sachverhalts zu lesen. ... Wohnte Einstein im Nachbarhaus, ich wüsste dadurch mehr über das Universum. Hätte Gottes Sohn jahrelang auf demselben Stockwerk gelebt, ich erführe bestenfalls nachträglich, wer mein Nachbar war. ... Zur Last des Hauslebens gehört der Umstand, dass es seiner Reizarmut ausgeliefert ist. ... Der Mensch lebt nicht vom Brot allein, sondern von jedem Hinweis darauf, dass irgendwo noch etwas los ist.“ (Sloterdijk, 2004).

Bauen und Wohnen ist Erschließen das Raums, ist Schaffen von Orten, Stätten, Plätzen für und durch die jeweiligen Menschen (Kraus, 2023). Es gilt künftig, einen zeitgemäßen, weil zeitlosen Heimatbegriff zu bedenken, der als Lehre aus der jüngeren deutschen Geschichte kein weltanschaulicher sein darf. Bauen und Wohnen widerspiegeln Leben; Stadt und Land bieten aber nach wie vor unterschiedliche Lebensverhältnisse. Doch stets soll ein Ort gelungenen Wohnens Sicherheit und Geborgenheit vermitteln, Schutz und Ruhe, soll Grenzen wahren zwischen Innen und Außen. Auf ihn beziehen sich Fortgehen und Zurückkehren. Zum Heimatgefühl gehört ein Vertrautsein mit der näheren Umgebung; sie muss abgegrenzt, darf aber nicht völlig fremd sein: Führt das Verlassen der Wohnung regelmäßig zu Ängsten, kann die Wohnung nur noch bedingt schützen. Der Mensch fühlt sich am falschen Platze. Schätzen die Einen den Trubel der großen Städte, fühlen sich die Anderen darin einsam, verlassen, verloren. Das kann nicht ausschließlich mit Stadtplanung behoben werden, wenngleich es auch deren Aufgabe ist; es ist nicht zuletzt eine Frage der Maßstäbe. Es gibt Siedlungen und Bauten, die durch reine Größe nicht nur über-menschlich, sondern unmenschlich sind.

Wenn ein menschlich angemessenes Wohnen in vielen Einzelfällen durch geringes Einkommen und Vermögen ebenso wie durch schlecht geeignete Orte behindert wird, fehlen der betreffenden Stadt, der jeweiligen Gesellschaft wesentliche Grundlagen für eine nachhaltige, friedliche Entwicklung. Und diese Grundspannung zwischen dem Versorgen vieler Menschen mit Wohnraum (also letztlich einer zahlenmäßigen Zuordnung, bei der es um Zeit-, Geld- und Mengeneinheiten geht) und deren bewusstem Leben an neuen Ort wird die Gesellschaft weiterhin prägen. Die Lage erinnert nicht zufällig an den Reformstau im Gesundheits- oder Bildungswesen, wie sich noch zeigen wird.

Wohnen ist in Deutschland ein eher randständiger Forschungsgegenstand (Häußermann & Siebel, 1996; Häußermann et al., 2004, 2008). Das Standardwerk *Geschichte des Wohnens* zeigt vor allem in seinen letzten drei Bänden anschaulich die Entwicklung des deutschen Wohnungsmarktes mit all seinen Schwierigkeiten und Folgerichtigkeiten (Reulecke, 1997; Kähler, 2000; Flügge, 1999). Aus heutiger Sicht ist auffällig, dass die schnelle Abfolge von Gesellschaftsordnungen in den letzten 150 Jahren seit der Reichsgründung nichts daran änderte, dass Reformen nur graduell möglich waren und sind – dazu die folgenden Ausführungen über *Systemlogik*.

Gar liebevolle und lesenswerte Abhandlungen, die für eine lebensnahe Phänomenologie des Wohnens stehen, stammen von dem heute fast vergessenen deutschen Arzt und Autor *Adolf Heilborn* (*1873, †1941), der in Berlin wirkte, dem französischen Philosophen *Gaston Bachelard* (*1884, †1962) und dem US-amerikanisch/britischen Schriftsteller *Bill Bryson* (*1951) (Heilborn, 1924; Bachelard, 1994/1958; Bryson, 2011). Die Zeiten ändern sich sowieso weniger, als so mache glauben: Den Ausführungen des Schriftstellers *Adolf Frei-herr Knigge* (*1752, †1796) in seinem heute noch bekannten Werk *Vom Umgang mit Menschen* (1788) ist wenig hinzuzufügen:

„In großen Städten pflegt man zu glauben, es gehöre zu dem guten Tone, nicht einmal zu wissen, wer mit uns in demselben Hause wohnt. Das finde ich sehr abgeschmackt, und ich weiß nicht, was mich bewegen sollte, eine halbe Meile weit zu fahren, wenn ich die Unterhaltung oder die Langeweile, welcher ich nachrenne, ebenso gut zu Hause finden könnte, oder um einen Freundschaftsdienst die ganze Stadt zu durchjagen, wenn neben mir ein Mensch wohnt, der mir gern denselben erzeugen würde, insofern ich mir seine Freundschaft und sein Zutrauen erworben hätte. Schämen würde ich mich, wenn es der Fall wäre, dass die Mietkutscher und Straßenbuben mich besser als meine Nachbarn kennten. ...

Es gibt kleine Gefälligkeiten, die man denen schuldig ist, mit welchen man in demselben Hause, denen man gegenüber wohnt, oder deren Nachbar man ist; Gefäl-ligkeiten, die an sich gering scheinen, doch aber dazu dienen, Frieden zu erhalten, uns beliebt zu machen, und die man deswegen nicht verabsäumen soll. Dahin gehört, dass wir Poltern, Lärmen, spätes Türenschlagen im Hause vermeiden, anderen nicht in die Fenster gaffen, nichts in fremde Höfe oder Gärten schütten und so weiter. Manche Menschen denken so wenig fein, dass sie glauben, gemietete Häuser, Gärten und Hausgeräte brauchen gar nicht geschont zu werden, und es sei bei Bestim-mung der Mietsumme schon auf Abnutzung und Verwüstung mitgerechnet worden. " (Knigge, 1993/1788)

Wohnungsmarkt in Deutschland

Wenngleich die Ergebnisse des letzten Zensus noch auf sich warten lassen, ist doch bekannt, dass die Bevölkerung in Deutschland seit dem Sommer 2022 über 84 Mio. Menschen zählt, und zwar etwa:

- 8 Mio. Menschen in den Millionenstädten Berlin, Hamburg, München, Köln,
- 13 Mio. in Städten mit Bevölkerungen von 200.0000 bis unter 1.000.000,
- 28,5 Mio. in Städten mit Bevölkerungen von 20.000 bis unter 200.000 und
- 34,5 Mio. in ländlichen Gebieten.

Damit leben drei Viertel der Bevölkerung in ländlichen sowie klein- und mittelstädtischen Siedlungsräumen; das erscheint in öffentlichen Debatten selten deutlich – was wiederum die Wahrnehmung und damit das öffentliche Bewusstsein verzerrt. Berlin (oder München, Frankfurt, …) ist nicht die Regel, sondern die Ausnahme. Raum- und Stadtentwicklung und damit die Geschicke der Wohnungs- und Grundstückswirtschaft werden stets bestimmt von der Bevölkerungsentwicklung. Diese erscheint aufgrund der starken Zuwanderung der Jahre 2015 und 2022, der *Corona-Pandemie* 2020–2022 und der schwierigen wirtschaftlichen Entwicklung, von der die Energiekrise nur ein Teil ist, kaum vorhersehbar (Abb. 3.1). Doch gibt es Entwicklungen, mit denen weiter zu rechnen ist:

- Der Bevölkerungszuwachs der letzten Jahre – mit einem deutlichen Einbruch in der *Corona-Pandemie* – ist ausschließlich auf Zuwanderung zurückzuführen. Diese ist abhängig einerseits zwar vom Kriegs- und Krisengeschehen in verschiedenen, oft weit entfernten Gegenden der Welt, andererseits aber

M. H. Kraus, *Wohnungsmarkt in Deutschland,* essentials,
https://doi.org/10.1007/978-3-658-43273-7_3

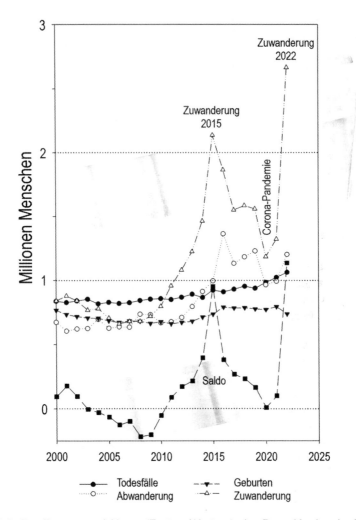

Abb. 3.1 Bevölkerungsentwicklung (Zugänge/Abgänge) in Deutschland seit 2000. (Zahlen: Statistisches Bundesamt, www.destatis.de)

von den Maßnahmen, die in Europa und Deutschland in Sachen Zuwanderung, Fluchtgeschehen und Entwicklungshilfe unternommen werden. Eine einheitliche Linie ist derzeit nicht erkennbar, doch steigt (gegensätzlicher!) Handlungsdruck hierzulande aufgrund der Überlastung der kleineren Städte und Gemeinden ebenso wie durch den Fachkräftemangel.

- Die Zahl der jährlichen Todesfälle wird aufgrund der alternden Bevölkerung nicht wieder unter 1.000.000 fallen; sie steigt bereits seit etwa 20 Jahren. Der Anteil der Übersterblichkeit aufgrund der *Corona-Pandemie* ist fachlich noch umstritten und wohl erst ab 2025 in belastbare Zahlenwerke fassbar (Kuhbandner & Reitzner, 2023). Aufgrund des Klimawandels ist mit steigenden Fallzahlen durch Wärmebelastung insbesondere von Ballungsräumen sowie durch bisher hierzulande noch kaum verbreitete Krankheiten zu rechnen (Romanello et al., 2021; Chua et al., 2022; Rai et al., 2022).
- Die Zahl der jährlichen Geburten wird wegen der schlechten Wirtschaftslage und der somit fehlenden Sicherheit bei der Lebensplanung mittelfristig wohl unter 700.000 verbleiben.
- Die Abwanderung stieg bereits über die letzten 15 Jahre deutlich; der Trend wurde durch die *Corona-Pandemie* kurzzeitig unterbrochen und scheint sich nun zu verstärken. Auch hier wird die schwierige Wirtschaftslage, verbunden mit der entsprechenden öffentlichen Stimmung, weiter wirken.

Noch vor wenigen Jahren wurde ein erheblicher Rückgang der Bevölkerung vorausgesagt. Heute erscheinen für den Zeitraum 2040–2050 sowohl ein Rückgang auf unter 80 Mio. als auch ein Anstieg auf über 85 Mio. möglich – abhängig von der allgemeinen Lage in Deutschland, Europa und der Welt. So wird die Wohnungsfrage in Deutschland weiterhin gestellt und kurz- bis mittelfristig für einige Teile der Bevölkerung nicht befriedigend beantwortet werden.

Die Wohnungs- und Grundstückswirtschaft ist in Deutschland – neben vor allem dem Gesundheits- oder Bildungswesen – eines der großen gesellschaftlichen *Funktionssysteme*. Der Begriff stammt vom „Herrn der Zettelkästen", dem Begründer der gesellschaftlichen Systemtheorie, *Niklas Luhmann* (*1927, †1998). Die Branche wird nicht ausschließlich staatlich gesteuert, doch wuchs in den letzten Jahrzehnten trotz aller *Deregulierung* und *Liberalisierung* die Verflechtung von Staat und Wirtschaft (BBSR, 2017; Henger & Voigtländer, 2019a, b; BMIBH, 2020; Destatis, 2022):

- Hauptzweck ist die Versorgung der Bevölkerung mit Wohnraum. Nach den derzeit verfügbaren (teils aber widersprüchlichen) Zahlen des Statistischen Bundesamtes gab es Ende 2022 etwa 43,4 Mio. Wohnungen (Ende 2021 43 Mio.) und 84,4 Mio. Menschen in 40,9 Mio. Haushalten; von Letzteren beruhten 19,9 Mio. auf Mietverhältnissen oder Mitgliedschaften in Genossenschaften (da der Zensus den Stand von 2022 zeigen wird, sind Schätzwerte und Fortschreibungen weiterhin nicht zu vermeiden).

- Von den gut 41,8 Mio. Wohnungen in Wohngebäuden wurden weniger als die Hälfte selbst genutzt (Angaben schwanken zwischen 43 % und 46,5 %), die übrigen vermietet. Weitere 1,4 Mio. Haushalte bestanden in Gebäuden mit Mischnutzungen (insbesondere Hausmeister- und Dienstwohnungen), die restlichen in Wohnheimen und Sammelunterkünften. Etwa 13 Mio. Wohnungen befanden sich in Einfamilienhäusern und 6,4 Mio. in 3,2 Mio. Zweifamilienhäusern. Von den grundsätzlich vorhandenen Mietwohnungen stehen nach unterschiedlichen Angaben bundesweit 1½–2 Mio. (!) leer, und dies seit Jahren. Die Zahlen der Haushalte und der tatsächlich genutzten Wohnungen lassen sich nicht verlässlich abgleichen; Fehlbestand entfällt auf Ferien- und Zweitwohnungen sowie (nicht immer rechtmäßige) Nutzungen als Gewerberäume. Selbst in großen Städten wie Berlin oder München gibt es Leerstand (wohl im unteren fünfstelliger Bereich), mitunter sind es ganze Häuser, die im Straßenbild als ungenutzt auffallen.

- Etwa zwei Drittel der vermieteten Wohnungen befinden sich im Einzel- oder Familieneigentum einschließlich WEG, jeweils ein Zehntel in städtischem und in genossenschaftlichem Eigentum; das dringt selten ins öffentliche Bewusstsein, denn die Presse berichtet meist über große Immobilienkonzerne. Doch nur etwa ein Achtel der Wohnungen gehört marktwirtschaftlich ausgerichteten Wohnungsunternehmen (unter denen die börsennotierten, aber auch ausländische Fonds eine immer größere Rolle spielen).

- Eine Abschätzung der jährlichen Mieteinnahmen ist schwierig. Schätzungsweise dürften die erwähnten knapp 20 Mio. Haushalte einschließlich staatlicher Unterstützungen (Wohngeld, Bürgergeld, …) jährlich 210–230 Mrd. € an Bruttowarmmieten leisten; abzüglich der Betriebskosten wären dies etwa 130–150 Mrd. € an Nettomieten. Diese Summe würden rein rechnerisch genügen, um einem Teil der Haushalte den Einstieg in die Wohneigentumsbildung zu ermöglichen.

- Wenn die amtlichen Vorausberechnungen zutreffen, wird 2023 jeder fünfte, vielleicht sogar jeder vierte dieser Haushalte staatliche Unterstützungsleistungen zur Deckung der Wohnkosten erhalten. Das ist ein Warnsignal. Es zeigt sich nicht nur anschaulich die Vergesellschaftung von Belastungen mangels zukunftsweisender Lösungen. Jeder Anstieg der Wohnkosten mindert die Möglichkeiten der Lebensplanung für die betreffenden Haushalte, schwächt zudem ihre Kaufkraft zulasten anderer Wirtschaftszweige. Ferner fördert sie die Bereitschaft junger und leistungswilliger Gruppen der Bevölkerung zur Abwanderung, was die Krise verstärkt. Wohlgemerkt haben gerade viele Eigentümer kleiner Wohnungsbestände, die durchaus keinen Mietwucher betreiben, durch die Kostensteigerungen ebenfalls wirtschaftliche Schwierigkeiten. Entschließen sie sich zur Veräußerung an große Wohnungsunternehmen, befördert dies weitere Preissteigerungen.

Deutschland ist nach der Schweiz der zweitgrößte europäische Mietwohnungsmarkt. Tatsächlich gibt es nicht den einen Markt, sondern eine Vielzahl örtlicher, sehr unterschiedlicher Teilmärkte; Berlin ist der größte von ihnen. Weitere Zwecke des Wirtschaftszweiges wurden in den letzten 250 Jahren, vor allem aber in den 150 Jahren seit der Reichsgründung und der darauf folgenden Gründerzeit, immer wichtiger – zunächst mit der Entstehung einer bildungsbürgerlich-unternehmerischen Führungsschicht, dann mit (mehr oder minder ausgeprägtem) Wohlstand für die Massengesellschaften der Moderne:

- 2019 bildeten Bauwerke (9,4 Billionen Euro) sowie Grund und Boden (5,3 Billionen Euro) 81 % des Anlagevermögens und 88 % des Sachvermögen der deutschen Volkswirtschaft (oder mehr als die Hälfte des Vermögens der Haushalte).
- Die Wohnungs- und Grundstückwirtschaft ist ein wichtiger Arbeitsmarkt mit etwa einer halben Million Erwerbstätigen.
- Sie ist verbunden mit mehreren wichtigen Wertschöpfungsketten und Wirtschaftskreisläufen (Versicherungs- und Bankgewerbe, Bauwirtschaft und Handwerk, Dienstleistungen verschiedenster Art); insbesondere große Wohnungsunternehmen sind vielerorts an Maßnahmen der Stadt- und Raumentwicklung beteiligt.

Die Bauwirtschaft, die am meisten mit der Schaffung von Wohnbauten aller Größenordnungen umsetzt, fördert erfahrungsgemäß mit jedem Euro der bundesweiten Bausumme bis zu zwei Euro an gesellschaftlicher Wertschöpfung. Und die Grundstücks- und Wohnungswirtschaft ist für Herausforderungen besser aufgestellt als so manch anderer Wirtschaftszweig; sie ist in der Lage,

- sich in verschiedenen Teilmärkten in wirtschaftlich besseren und schlechteren Zeiten zielführend aufzustellen,
- unterschiedliche Angebote für unterschiedliche Bedürfnisse zu entwickeln – vom *Microapartment* über die klassische Mietwohnung oder die Pflegewohngemeinschaft bis zu Luxusimmobilien,
- allgemeingültige Rechtsvorschriften kleinteilig umzusetzen, also auf einzelne Vertragsverhältnisse herunterzubrechen,

- Ziele in Zahlen umzusetzen (wobei Zahlen nicht alles über ein Vorhaben aussagen, ein Vorhaben ohne Zahlen aber nichts taugt),
- und all dies in vielfältigen Unternehmensverfassungen und Rechtsformen – Einzelunternehmen, Gesellschaft, Genossenschaft, Stiftung, Eigenbetrieb von Gemeinden.

Doch die Herausforderungen wachsen. Gegensätzlichkeiten und Spannungen aus der gesamten Gesellschaft ziehen sich in den Alltag der Wohnungsunternehmen und übersetzen sich in örtlich und zeitlich keinesfalls gleichverteilte *Risikofaktoren* (Kraus, 2021); dazu gehören insbesondere

- Verzögerungen und Leistungsmängel in Sanierungs- und Bauvorhaben,
- Preissteigerungen bei Wasser, Strom, Wärme, Baustoffen und Handwerksleistungen,
- Brände, Wasserschäden oder sonstige Stör-/Notfälle in Gebäuden,
- Wetterereignisse und deren Folgen im Einzelfall (Hitzewelle, Starkregen/Hagel/Schneefall, Überschwemmung/Sturzflut, Erdrutsch/Unterspülung),
- Ausfall der Wasser-, Strom-, Wärmeversorgung im Einzelfall, etwa aufgrund von Störfällen in Kraftwerken oder von Waldbränden,
- Gerichtsverfahren sowie Verzögerungen in (bau-)amtlichen Antragsverfahren,
- Zahlungsausfälle/Verluste durch längerfristige wirtschaftliche Umbrüche in Siedlungsräumen (Erwerbslosigkeit, Kaufkraftschwund, Leerstand),
- Änderungen von Rechtsgrundlagen (Mietrecht, Steuerrecht, Energierecht),
- Angriffe auf das Unternehmen *(Sabotage, Cyber Attacks)*, auch Gerüchte und nachteilige Presseveröffentlichungen, die Arbeitsabläufe beeinträchtigen, die Tätigkeit des Unternehmen behindern oder die Außenwirkung schädigen können,
- Fachkräftemangel,
- Gruppenfeindlichkeiten in Siedlungsräumen, die in den Bestand wirken (Streitigkeiten, Gewalttaten, Aufruhr/Ausschreitungen),
- Folgen des Klimawandel mit langfristigen Wirkungen für Siedlungsräume (Hitzestau/Hitzestress, Wassermangel mit besonderer Hilfsbedürftigkeit von Kindern, Alten, Kranken).

Die verschiedenen, heute noch nicht voll absehbaren Wirkungen von *Corona-Pandemie* und *Energiekrise* erzwingen nun vielerorts ein Umdenken: Was muss getan werden, um Innenstädte nicht – noch mehr als teils schon geschehen – veröden zu lassen, sie als Wohngebiete zu erhalten, dabei aber auch ein reges Wirtschaftsleben zu fördern?

Rechtsrahmen

4

Das Recht betreffend die Wohnverhältnisse der Bevölkerung beruht in Deutschland auf verschiedenen Gesetzen und Verordnungen. Zu nennen sind insbesondere:

- das Bürgerliche Gesetzbuch (BGB) mit den grundlegenden Bestimmungen zu Miet- und Pachtverhältnissen (§ 535 ff.),
- das Genossenschaftsgesetz (GenG),
- das Wohneigentumsgesetz (WEG) betreffend die Eigentumsverhältnisse an Mehrfamilienhäusern,
- die Immobilienwertermittlungsverordnung (ImmoWertV),
- die Betriebskostenverordnung (BetrKV) und die Wohnflächenverordnung (WoFlV),
- das Wohnraumförderungsgesetz (WoFG) und das Wohnungsbindungsgesetz (WoBindG) betreffend öffentlich geförderte Wohnungen,
- das Wohngeldgesetz (WoGG) und die Wohngeldverordnung (WoGV) sowie nicht zuletzt,
- die Grundbuchordnung (GBO) und die Grundbuchverfügung (GBV).

In mehreren Bundesländern gelten weitere Rechtsgrundlagen, etwa zum Vorgehen gegen Zweckentfremdung von Wohnraum. Zu erwähnen sind weitere Rechtsgrundlagen für die Errichtung und Sanierung von Liegenschaften wie

- das Baugesetzbuch (BauGB), die Baunutzungsverordnung (BauNVO) und die jeweiligen Landesbauordnungen,
- die Gebäudeenergiegesetz (GEG) oder

M. H. Kraus, *Wohnungsmarkt in Deutschland,* essentials, https://doi.org/10.1007/978-3-658-43273-7_4

- das Erneuerbare-Energien-Gesetz (EEG)

Im weiteren Sinn gehören hierhin auch zahlreiche Bestimmungen im Steuerrecht (Einkommen-, Umsatz-, Körperschafts-, Grund-, Grunderwerbs-, Erbschafts-, Schenkungssteuer) und im Energierecht (insbesondere zur Stromversorgung). Die Bedeutung letztgenannter Bestimmungen wird aufgrund der Maßnahmen zum Erreichen der Klimaneutralität weiter wachsen.

Rechtsentwicklung erfolgt zunehmend seit der Weimarer Zeit über die laufende Rechtsprechung; dadurch entstand eine bemerkenswerte Ausführlichkeit der Regelung und somit eine hohe Rechtssicherheit im Allgemeinen. In den letzten 15 Jahren sank trotz wachsender Bevölkerung die Zahl der Mietrechts- und Nachbarschaftssachen vor deutschen Gerichten (Kraus, 2019); das mag beruhen auf

- der jahrzehntelangen, umfassenden rechtlichen Behandlung verbreiteter Streitgegenstände (Mieterhöhungen, Betriebskosten, Instandsetzung/Sanierung, Vertragskündigung, Eigenbedarf, Lärmbelästigung, …),
- der weiten Verbreitung von Angeboten zur vor- und außergerichtlichen Streitbeilegung,
- einer Abneigung Betroffener, insbesondere in Ballungsräumen mit angespannter Wohnungsmarktlage, sich mit Wohnungsunternehmen rechtlich auseinanderzusetzen.

(Miet-)Vertragsrecht (BGB) ist bürgerliches Recht; öffentliches Baurecht (BauGB, BauNVO, Landesbauordnungen) ist Verwaltungsrecht. Die Wohnungswirtschaft ist in einer Schnittmenge beider Rechtskreise tätig. Gewohnheitsrecht und Bestandsschutz sind in Sachen Wohnraum eng umgrenzt und teils mittelbar; dazu gehören

- die zumeist vergleichsweise günstige Bestandsmiete bei langer Mietvertragsdauer (aufgrund der Regelungen für Mieterhöhungen),
- das Vorkaufsrecht bei erstmaliger Veräußerung der gemieteten Wohnung (§ 577 BGB),
- der Eintritt von Hinterbliebenen in den Mietvertrag Verstorbener (§§ 563 ff. BGB) oder die Übernahme der Geschäftsanteilen einer Wohnungsgenossenschaft durch Hinterbliebene (befristet bis zum Ende des Geschäftsjahres, wobei die jeweilige Satzung eine dauerhafte Mitgliedschaft ermöglichen kann, § 77 GenG),

- Härtefallregelungen aufgrund langer Wohndauer bei der Übernahme von Wohnkosten im Rahmen des Bürgergeldes,
- die rechtliche Würdigung des Einzelfalls bei Eigenbedarfskündigungen oder der Sanierung denkmalgeschützter Gebäude.

Die ersten baurechtlichen Regelungen im engeren Sinn – nicht nur in Deutschland – zielten im 17., 18. und 19. Jahrhundert auf den Schutz vor Feuer und Seuchen. Erst im 19. Jahrhundert entstanden vielerorts Fluchtlinienordnungen, aber auch Bebauungspläne für ganze Städte: Paris, Berlin, Wien und Barcelona werden hier häufig genannt, ebenso die Reißbrettstädte der USA. Eine Beteiligung der Bevölkerung gab es zunächst nicht; es zählten die Vorstellungen der jeweiligen Obrigkeiten, Bauherren und Geldgeber. Modernes Stadtplanungs- und Baurecht entstand in Deutschland ab der vorletzten Jahrhundertwende. Verrechtlichung ist ein wichtiges Stichwort.

1863 notierte *Adolph Wagner* (*1835, †1917), Professor an der heutigen Humboldt-Universität zu Berlin, erstmals das heute nach ihm benannte Gesetz der wachsenden Staatsausgaben: Mit dem Wohlstand einer Gesellschaft wachsen staatliche Regelungsbemühungen; es entsteht nach und nach der (zumindest dem Anspruch nach) allzuständige Wohlfahrtsstaat und mit ihm die Durchdringung aller Lebensbereiche mit Rechtsnormen. Waren es in der Kaiserzeit neue Ansätze in Stadtplanung und Baurecht, als Siedlungsräume zur Erweiterung der Städte zu erschließen waren (Parzellierung und Vermarktung von Bauland durch Terraingesellschaften; Versorgung mit Wasser, Strom und Gas; Nahverkehr), galt die staatliche Aufmerksamkeit ab dem I. Weltkrieg immer mehr auch den Wohnverhältnissen. *Public Private Partnership* ist kein wirklich neuer Ansatz; Wohnungswirtschaft, Verwaltungsbehörden und Gerichtsbarkeit entwickelten schon früh in der Moderne immer mehr Wechselbeziehungen.

Systemlogik 5

Die starke Verflechtung von Staat und Wohnungswirtschaft wuchs seit der Reichsgründung 1870–1871, vor allem aber in der Kriegs- und Planwirtschaft 1914–1918 und 1933–1945, durch die Ansätze zur Bewältigung der Wohnungsnot in der Zwischenkriegszeit sowie in der Binnen- und Planwirtschaft in Ostdeutschland bis 1989–1990. Jedoch gab es auch im Westdeutschland der Nachkriegszeit zahlreiche Versuche, die Marktentwicklung zu beeinflussen und den Versorgungsauftrag der Wohnungswirtschaft zu betonen (Kerner, 1996; Reulecke, 1997; Flagge, 1999; Kähler, 2000). Mit anderen Worten wurden in den letzten 110 Jahren unter wechselnden gesellschaftlichen Verhältnissen zahlreiche Ansätze und Verfahrensweisen erprobt, insbesondere:

- Begrenzungen von Neumieten und Mieterhöhungen, heutzutage durch den Mietspiegel,
- Förderung von Sanierungen mit Steuererleichterungen, Zuschüssen oder zinsgünstigen Darlehen als Gegenleistung für Mietbegrenzungen,
- Förderung des Wohnungsneubaus mit Steuermitteln, ebenfalls gegen Mietbegrenzungen,
- Zuschüsse für mieterseitige Eigenleistungen bei Instandsetzungen,
- Zuzugs- und Rückkehrprämien in wirtschaftlich schwachen Siedlungsräumen,
- Umzugsbeihilfen für Arbeitsuchende und Auszubildende,
- Förderung des Eigenheimbaus mit Prämien und Steuernachlässen,
- Förderung von Wohnungsgenossenschaften,
- Gründung städtischer oder landeseigener Wohnungsunternehmen,
- Vereinbarungen von Behörden und Wohnungswirtschaft zur Umsetzung örtlicher gemeinsamer Planungen (Stadtplanung, Wohnungsbündnisse),

- Erfassung von Wohnungssuchenden, Ausstellung von Berechtigungsscheinen für jeweils als förderwürdig oder -bedürftig geltende Bevölkerungsgruppen,
- Schaffung von Übergangs- und Behelfssiedlungen (Baracken),
- Erfassung und Zuweisung von Wohnraum durch Wohnungsämter,
- Bekämpfung von aus der Not entstandenen Behelfssiedlungen mit Strafmaßnahmen,
- Beschlagnahme und Enteignung.

Staatliche Einflüsse auf die Wohnungswirtschaft waren folgerichtig immer wieder von Versuchen der Volkserziehung und -belehrung gekennzeichnet; zur Lösung der Wohnungsfrage wurden versucht, das Verhalten von Menschen mehr oder minder zu beeinflussen.

Bisher gibt es keine umfassende Forschungsarbeit, die für die vergangenen 150 oder wenigstens 110 Jahre die ursprünglichen Ziele der Maßnahmen (vor dem jeweiligen gesellschaftlichen Hintergrund), die letztlich erreichten Ergebnisse und mögliche Schlussfolgerungen für das 21. Jahrhundert aufzeigt. Doch grundsätzliche Muster lassen sich erkennen: Eines davon entsteht aus den Wechselbeziehungen zwischen Bevölkerung, Grundbesitzenden und Staat. Einerseits schützt die derzeitige Rechtsordnung das Eigentum (also auch an Grund und Boden), andererseits verpflichtet Eigentum laut Grundgesetz gegenüber der Gesellschaft. Das Ausmaß ist jedoch fallweise strittig.

Doch hat sich in den 110 Jahren gezeigt, dass Förderung, also Anreize, letztlich erfolgreicher ist als Zwang; ebenso hat sich gezeigt, dass eine lückenlose staatliche Überwachung des Wohnungsangebots kaum möglich ist. Gesetze aber sind wirkungslos, führen zu Enttäuschung und Verärgerung, wenn Behörden sie nicht durchsetzen können. Die besondere gesellschaftliche Bedeutung des Wohnens (die gesamte Bevölkerung ist betroffen) fördert zudem folgerichtig (auch das war in jeder Gesellschaftsordnung so) eine *Ideologisierung* und *Politisierung* der Wohnungsfrage. In einer vielfältigen, modernen Gesellschaft gibt es zudem keinen einheitlichen Leidensdruck, also auch nicht die Mieterschaft an sich, sondern von Ort zu Ort etwa solche,

- die mit den Verhältnissen zufrieden sind dank alter, günstiger Mietverträge und sich vor Ort wohl fühlen,
- die einen guten Netzzugang und eine wohnortnahe Partyszene wichtig finden, als sich mit dem Wohnumfeld zu befassen,
- die viel unterwegs sind und wissen, dass sie nicht lange an diesem Ort bleiben werden (etwa Auszubildende, Studierende, beruflich Reisende),

- die zu alt, zu krank oder anderweitig zu belastet sind, um sich um das Wohnumfeld zu kümmern,
- die ihre Miete nicht selbst zahlen, sondern langfristig von staatlichen Unterstützungsleistungen leben – oft ohne Anreiz und Fähigkeit, sich für Verbesserungen einzusetzen,
- die dank Einkommen oder Vermögen freiwillig hohe Mieten zahlen, um sich im guten Wohnlagen Luxus zu gönnen und von anderen Milieus abzugrenzen,
- die zwangsläufig an einem Ort leben, obwohl sie die Miete kaum aufbringen können, weil sie anderenorts auch keinen erschwinglichen Wohnraum finden (Alleinerziehende, Mindestlohnbeschäftigte in Dienstleistungsbranchen),
- die Untermietverhältnissen leben, also vom Wohlwollen anderer abhängig sind und mit dem Wohnungsunternehmen meist nichts zu tun haben,
- die in Wohngemeinschaften leben, zumeist befristet, und Streit mit dem Vermieter vermeiden wollen, aber auch solche,
- die sich gegebenenfalls mit Veränderungen im Wohnumfeld befassen und ihre Ansprüche auch gerichtlich durchsetzen (Kraus, 2019).

Das wiederum erklärt, warum es keine bundesweit öffentlichkeitswirksamen Vertretungen für die auf Mietverhältnisse Angewiesenen gibt. Damit soll keinesfalls die Leistung der Mieterverbände kleingeredet werden, gerade wenn es um die vielen, im Einzelfall sehr wichtigen rechtlichen Beratungen geht oder die Mitwirkung an örtlichen Mietspiegeln. Doch macht es einen Unterschied, ob eine solche Vertretung nur ein Zehntel der Betroffenen vereint (wie es auch in Ballungsräumen nicht selten ist) oder beispielsweise über die Hälfte. Letzteres würde gerade in Krisenzeiten ein anderes Auftreten ermöglichen (das wiederum erinnert an die Lage der Gewerkschaften). Auch das ist nicht neu: Schon in der Kaiserzeit versuchten Mietervereine in Deutschland, ihre Formularmietverträge (mit mehr Schutz für „kleine Leute") am Markt durchzusetzen, während es den besser vernetzten Grundbesitzervereinen gelang, mit mehr Hebelwirkung eigene, für sie weit günstigeren Formularmietverträge durchzusetzen. Eine oft freiwillige Selbstabgrenzung der höherwertigen Wohnlagen, die Veränderungen des Arbeitsmarktes und die örtliche Knappheit von Wohnraum bewirkten in Siedlungsgebieten damals wie heute, dass Menschen in schwierigen Lebenslagen, deren Möglichkeiten der Selbstbestimmung und Lebensgestaltung ohnehin eingeschränkt sind, sich mancherorts in belasteten Wohnlagen sammeln.

Funktionssysteme sollen in einem geeigneten rechtlichen Rahmen gesellschaftliche Spannungen auflösen. Doch haben sie stets eine Vielzahl von Beteiligten und Betroffenen, damit wirken oft gegensätzliche Absichten; das verbindet die Wohnungswirtschaft mit dem Gesundheits- oder Bildungswesen.

Dies wiederum führt zu Verhältnissen, die nur als widersprüchlich zu bezeichnen sind, wobei nachfolgende Reihung fortgeführt werden kann:

1. Von einem Marktgeschehen ist sinnvollerweise nur zu sprechen, wenn sich alle Beteiligten in jeder Lage mindestens in zwei Richtungen bewegen können. Sind aber für ganze Gruppen der Bevölkerung (insbesondere in Ballungsräumen) entweder keine Wohnungen vorhanden oder die wenigen freien Wohnungen (wegen ihrer Einkommenslage) nicht verfügbar, ist der Verweis auf einen Markt nicht sinnvoll. Staatliches Handeln ist dann rechtlich und moralisch angezeigt, kann aber oft nicht erfolgen wegen fehlender Möglichkeiten.

2. War billiges Bauen schon in den vergangenen Jahren wegen der deutschen Baunormen sowie der Belastung durch Steuern und Abgabe nicht möglich, ist es wegen der erheblich gestiegenen Kosten nun völlig außer Frage: Selbst vorsichtigste kaufmännische Ansätze für Wohnbauentwürfe, die keinesfalls Luxus widerspiegeln, führen zu BWM von 20–25 €/m². Auch der Erwerb, geschweige der Bau eines Eigenheims, ist nun außerhalb der Reichweite vieler Familien. Eine Entlastung des Marktes durch Neubau gelingt nur mittelbar und bedingt: Ein Mehrangebot von Neubauwohnungen senkt nicht die Lebenshaltungskosten, sondern dämpft bestenfalls die Entwicklung der Neumieten (andere Kosten steigen weiter). Es bewirkt, da Umzüge entweder nicht oder nicht kostensparend möglich sind, auch kaum „Durchrutschen" am Markt. Und selbst in weniger guten Gegenden steigen die Mieten durch häufige Wohnungswechsel. Ferner steigern Neubau und Umzüge die Mietspiegelwerte für die umliegenden Wohnungen. Im Übrigen stößt auch die Dämpfwirkung durch Neubau an enge Grenzen: Wer die Branche kennt, weiß, dass man gern mit staatlichen Vorgaben mitzieht, so lange der Gewinn gesichert ist (und Gewinne zu erwirtschaften ist die Aufgabe eines Unternehmens). Sobald sich abzeichnet, dass das Verhältnis von Angebot und Nachfrage im betreffenden Siedlungsraum in Richtung tatsächlicher Mietsenkungen weist, ist es unternehmerisch sinnvoller, wieder auf „teurere" Zeiten zu warten. Tatsächliche Mietsenkungen sind derzeit nur bei einer andauernden Wirtschaftskrise mit Kaufkraftschwund und Bevölkerungsrückgang in Siedlungsräumen denkbar (daher aber aus verschiedenen Gründen auch nicht uneingeschränkt wünschenswert).

3. Steigende Mieten bewirken wie oben erwähnt steigende staatliche Ausgaben – nicht nur für Wohnungsbauförderung, sondern vor allem für die Deckung von Lebenshaltungskosten über Wohngeld, Bürgergeld oder Grundsicherung. Die Entwicklung geht einher mit den für 2024 angekündigten

Erhöhungen der Beiträge zur Kranken-, Pflege und Rentenversicherung, den anhaltenden Preisentwicklungen im Einzelhandel und den wirtschaftlichen Schwierigkeiten zahlreicher Branchen. Das erscheint angesichts der bereits hohen Staatsverschuldung alles andere als zukunftsfähig. Wie also sollen künftig die Wohnverhältnisse der Bevölkerung gesichert werden?

Warum sollen Renditeerwartungen von Immobilienkonzernen mit Steuermitteln (Wohngeld) bedient werden, wo doch davon auszugehen ist, dass solche Unternehmen ihre eigene Steuerlast gekonnt begrenzen? Sollte es nicht Aufgabe landeseigener oder städtischer Wohnungsunternehmen (und der Genossenschaften) sein, ihre Mieten an das Einkommen der in ihren Wohnungen Lebenden anzupassen? Diese Fragen sind berechtigt, lassen sich aber mit Verweis auf Hebelwirkungen beantworten: Städtische Unternehmen müssen üblicherweise Gewinne abführen, die in den öffentlichen Haushalten als Einnahmen verplant sind. Zudem würden entsprechende Vorgaben dazu verleiten, nur noch Zahlungskräftige aufzunehmen, und die Wohnungsnot würde sich verschärfen. Auch entstünden mehrere Klassen von Mietverhältnissen, was dem Gleichbehandlungsgrundsatz zuwiderliefe. Die grundlegende Verwerfung ist der zu geringe Anteil selbstgenutzten Wohneigentums.

4. Die Ausgaben für das Wohnen einschließlich Wasser, Strom und Wärme sind der größte Ausgabenposten der meisten Haushalte; der empfohlene Wert eines Drittels des verfügbaren Einkommens für Wohnkosten wird von immer mehr Haushalten (darunter auch derer mit Erwerbseinkommen) überschritten. Das wiederum lenkt den Blick auf die Begründung von Mieterhöhungen aufgrund gestiegener Lebenshaltungskosten: Diese müssten im Umkehrschluss zu Mietsenkungen führen, denn von den gestiegenen Lebenshaltungskosten sind vorrangig die Haushalte betroffen. Eine solche Debatte wird im Zusammenhang mit dem (erstrebenswerten und wichtigen) Ziel der Klimaneutralität zu führen sein: Wenn die deutschlandweit anzusetzenden Kosten des Wohnen weiter und stärker steigen, ein Wirtschaftswachstum aber nicht garantiert ist (und das sollte man aus den letzten Jahren endlich gelernt haben), steigt die Wohnungsnot, und der Klimaschutz leidet. Wer nicht weiß, wie er die Zeit bis zum Jahresende überbrücken soll, denkt wohl kaum an die Erderwärmung. Und das gilt nicht nur für diejenigen, die zur Miete wohnen, sondern auch für die vielen, die nur eine oder einige wenige Wohnungen vermieten.

5. Die in mehreren Rechtsgrundlagen, insbesondere dem Raumordnungsgesetz oder dem Baugesetzbuch, enthaltene Vorgabe, bestehende Siedlungen zu verdichten, ist nachvollziehbar wegen der Notwendigkeit, Flächenverbrauch und Zersiedlung zu beschränken. Das jedoch treibt die Preise in Ballungsräumen, überlastet die dortige *Infrastruktur* und das *Mikroklima* mit der Folge

langfristiger gesundheitlicher Beeinträchtigungen der Bevölkerung. Wenig bedacht wird die gleichzeitige Notwendigkeit, eine durchdachte großräumige, also bundes-, mindestens landesweite, Raum- und Siedlungsplanung voranzutreiben.

Diese scheitert an der rechtlichen und wirtschaftlichen Zersplitterung des Landes, was wiederum daran hindert, gute Erfahrungen aus einem Jahrtausend europäischer Stadtentwicklung zu nutzen, nämlich um Städte mit menschlichen Maßstäben zu schaffen, mit Raum für Menschen aller Alters- und Einkommensgruppen. Und das schließt den Kreis zum durchaus zeitgemäßen, weil zeitlosen Ansatz des Bauens und Wohnens der Phänomenologie! Deutschland ist eben nicht ausschließlich großstädtisch; es gibt viele kleinteilige Lebenswelten, und viele kleine, leistungsfähige Einheiten (Familien, Unternehmen, Vereine, Stiftungen, Gemeinden, …) halten in Krisenzeiten die Gesellschaft lebensfähig.

6. Die Wirtschaftskreisläufe hinter all dem sind für die meisten Betroffenen nicht durchschaubar. So kann es durchaus sein, dass sich jemand in einer Wohnanlage eines börsennotierten Immobilienkonzerns wohnt, sich über Mietsteigerungen erregt, gleichzeitig aber zwecks Altersvorsorge in eine Kapitalanlage einzahlt, die Aktien eben dieses Unternehmens enthält: Wird diese Mehrfachzahlung sich eines Tages als zusätzliche Absicherung rentieren? Wären nicht gesetzliche Mietobergrenzen, verbunden mit einer Belegungsbindung in Ballungsräumen wirksamer? Wie viel Kaufkraft wird aus Siedlungsräumen durch Mieterhöhungen abgezogen?

7. Dass Städte gerade auf junge Menschen aus dem In- und Ausland und insbesondere auf einen Teil der leistungsfähigen und -willigen Bevölkerung anziehend wirken, ist nicht neu. Doch diese Entwicklung erschwert es, Großstädte als Lebensräume für alle Alters- und Einkommensgruppen zu erhalten: Aufwertungen und Mietsteigerungen führen dazu, dass einkommensschwache Haushalte in einigen wenigen Wohnlagen zusammengedrängt werden, wobei gleichzeitig die staatlichen Aufwendungen für Wohnkostenübernahmen steigen. Zudem wird Aufschwung dadurch ausgebremst, dass Fachkräfte keine bezahlbaren Wohnungen im Umfeld ihrer Arbeitsplätze finden oder die stark verdichteten Siedlungsräume nicht als das richtige Umfeld für Kinder empfinden. Auch stellt sich die Frage, wie viel vom so geschätzten Lebensgefühl der Stadt bleibt, wenn das verfügbare Einkommen eigentlich nur noch dazu dient, in der Stadt leben zu können …

8. Die schwierige Lage vieler städtischer Haushalte begünstigte über Jahre die Vermarktung *(Festivalisierung)* des öffentlichen Raums: Neben der *Gastronomie/Hotellerie* entstanden Wirtschaftszweige, die als Mittel des Wettbewerbs der Städte und sichere Einnahmequellen nicht mehr verzichtbar

erscheinen: Großveranstaltungen wie Konzerte, Messen, Sportwettkämpfe steigern den Fremdenverkehr und fördern Umsätze anderer Geschäftsfelder, damit das Steueraufkommen. Doch dies ist keinesfalls spannungsfrei und beeinträchtigt ganze Siedlungsgebiete, etwa durch

- Lärmbelästigungen, Verschmutzungen und Beschädigungen (Grünflächen, Parkanlagen), auch Diebstähle, Drogenhandel, Gewalt- und andere Straftaten,
- Überlastung von Straßen, Parkplätzen und Verkehrsmitteln,
- Sicherheitsmaßnahmen einschließlich Absperrungen, Umleitungen, Personenkontrollen,
- Ausrichtung des örtlichen Einzelhandels auf den Fremdenverkehr statt auf die Bedürfnisse der Einheimischen,
- vor allem aber durch Umnutzung knappen Wohnraums insbesondere als Ferienwohnungen.

9. Staatliche Mietbegrenzungen für besonders nachgefragte Ballungsräume schützen gewiss Haushalte vor Verdrängung, befördern aber auch den Zuzug sowie die Schwarz- und Graunutzung von Wohnraum durch profitable Untervermietung.

10. Wohnraum ist für bestimmte Gruppen der Bevölkerung auch *Statussymbol;* es gibt verschiedene Bedürfnisse der Zielgruppen, und die Bevölkerungsentwicklung durch Geburten und Todesfälle, Zu- und Abwanderung sorgt dafür, dass ein Wohnungsmarkt nie passgenau Angebot und Nachfrage zusammenbringt – ganz gleich, wie stark staatliche Regelungsversuche wirken. Vielmehr zeigen sich zeitlich verschleppte und örtlich verteilte Wirkungen, die teils schwer berechenbar sind. Besondere Ereignislagen wie die Corona-Pandemie oder die Energiekrise können als sicher geltende Trends für Jahre unterbrechen. Es leiden in jedem Fall die Haushalte mit geringen Einkommen, aber auch die kleinen Vermieter.

Spannungsfelder 6

Städte sind die gesellschaftlichen Gebilde mit der höchsten *Komplexität*. Sie lassen sich nicht schnell verstehen, nicht einfach erklären und ermöglichen doch ein mehr oder minder geregeltes Leben für viele Menschen. Sie leben, sie verändern sich; das ist nicht von vornherein gut oder schlecht. Schnelle Ereignisfolgen der heutigen Lebenswelten mindern die Planungssicherheit vieler Menschen. Das zeigt sich in vielen Siedlungsräumen, in vielen Nachbarschaften an der Verweildauer im Wohnumfeld, allgemein an Ortsbindungen – betrifft aber nur bestimmte Gruppen der jeweiligen Bevölkerung. Einige können sich ihre Wohnorte aussuchen oder sind mit ihrem Umfeld zufrieden, während andere durch geringes Einkommen, familiäre Verpflichtungen, Alter oder Krankheit ungewollt ortsgebunden sind.

Gerade Ballungsräume, aber auch Städte mit wichtigen Unternehmens- oder Hochschulstandorten verändern sich seit Jahren durch Nachverdichtungen. Dadurch werden vielfältige Meinungsbildung geradezu herausgefordert (Kraus, 2019). Zu den üblichen Maßnahmen gehören

- Aufstockungen: Bestandsgebäude werden um zusätzliche Geschosse ergänzt, gegebenenfalls verbunden mit Sanierungsmaßnahmen.
- Anbauten/Ergänzungen: Bestandsgebäude werden durch neue Baukörper verbunden und erweitert.
- Blockrand- und Lückenschließungen: Baulücken durch Kriegszerstörungen (die gibt es vielerorts immer noch) oder den Abriss von Gewerbebauten werden geschlossen, teils anhand alter Planraster.
- Verdichtungen von Blockinnenbereichen, vor allem in Innenhöfen.

© Der/die Autor(en), exklusiv lizenziert an Springer Fachmedien Wiesbaden GmbH, ein Teil von Springer Nature 2023
M. H. Kraus, *Wohnungsmarkt in Deutschland,* essentials,
https://doi.org/10.1007/978-3-658-43273-7_6

- Neuordnungen von Gewerbeflächen, etwa durch Umnutzung von Gewerbebauten, was teils auch den Erhalt geschichtsträchtiger und wohlgestalteter
  Baukörper aus früheren Zeiten sichert; erforderlich ist dabei mitunter die
  kostspielige Beseitigung von Altlasten.

Vielfältige Ansprüche können selten streitfrei miteinander vereinbart werden; gerade bei Nachverdichtungen sind mögliche Vorteile ebenso wie
Nachteile für Betroffene zu berücksichtigen. Auftretende rechtliche, baufach-
liche, wirtschaftliche oder wissenschaftliche Fragen sind auch Machtfragen:
Beteiligte und Einflussgruppen ringen darum, sich und ihre Vorhaben durchzusetzen. Und es geht um viel Geld – nicht nur für Wohnungs-, Handwerks- und
Bauunternehmen, sondern auch für die Bevölkerung im Umfeld, ob mietend
oder besitzend. Doch auch der Bau von Zubringer- und Umgehungsstraßen
und die Ansiedlung von Unternehmen in benachbarten Gewerbegebieten können
mitunter schnell zu vereintem Widerwillen und Widerstand in der Anwohner-
schaft führen. In einer ohnehin durch – nicht immer gewünschten – Wandel
geprägten Zeit werden Veränderungen von außen bereitwillig als Bedrohung
wahrgenommen. Befürchtungen, die im Einzelfall durchaus begründet sind,
betreffen beispielsweise

- Verschandlungen der Gebäude und des Umfelds durch An- und Umbauten,
- Verschattung von Fensterfronten und Balkonen durch Neubauten auf Nachbar-
  grundstücken,
- Lärmbelastung, kurzfristig durch die Bauarbeiten und langfristig durch stärk-
  eres Verkehrsaufkommen im Wohngebiet,
- Überlastung öffentlicher Einrichtungen und des öffentlichen Raums (Straßen,
  Parkplätze, Verkehrsmittel, Schwimmbäder, Kindergärten, Schulen, …),
- Verlust von Freiflächen oder auch Grün- und Brachflächen, die als „Sicht-
  tachsen" oder zur Freizeitnutzung dienten, sowie ganz allgemein Flächenver-
  siegelungen,
- Verdrängung der bisherigen Bevölkerung durch Aufwertung der Wohngebiete
  (Gentrifizierung), die zu Mietsteigerungen führt,
- Verschlechterung des *Mikroklimas* durch höhere Baudichten (Mängel bei
  Durchlüftung und Wärmeaustausch),
- Zuzug als fremdartig oder bedrohlich empfundener Gruppen (von „Hipstern"
  bis zu Flüchtlingen),
- Verlust des bisherigen gutnachbarschaftlichen Miteinander (Übersichtlichkeit,
  Vertrautheit, …),

- Gefühle von Fremdbestimmung aufgrund als lebensfern empfundener Planungsverfahren.

Zahlen zum Bedarf an Wohnungen beruhen mancherorts auf Wunschdenken und Hochrechnungen. Zahlen zu Leerstand und Fehlbelegungen sind in vielen Städten lückenhaft; schon wegen der vielerorts schwach besetzten Fachbehörden für Wohnangelegenheiten. Die oft zitierten Zuzugswilligen sind keine einheitliche Gruppe und in der Planung zumeist nur pauschal erfassbar. Wer wirklich kommt und dann auch bleibt und was die Stadtgesellschaft davon hat, zeigt sich erst später. Das führt zu Fragen:

- Welche Bauvorhaben dienen auch langfristig dem Gemeinwohl (nicht nur die Wohnungsbau-, auch die Verkehrsplanung stimmt nicht immer hoffnungsfroh)?
- Was muss und darf Wohnen kosten; wie können Haushalte mit geringen Einkommen und/oder Kindern unterstützt werden, aber auch die vor Ort lebenden Eigentümer kleiner Wohnungsbestände?
- Was sind die tatsächlichen Bedarfe der einzelnen Bevölkerungsgruppen? Wie wirkt die Bevölkerungsentwicklung zeitlich und örtlich?
- Kann und soll Wohnraum in Krisenzeiten dem Markt entzogen und bewirtschaftet werden, ohne in planwirtschaftliche Fehlsteuerungen des 20. Jahrhundert zu verfallen?
- Wie kann der herkömmliche öffentlich geförderte Wohnungsbau durch zukunftsfähige Modelle ersetzt werden; ist etwa die Förderung genossenschaftlichen Wohnens angezeigt?

Großräumige Entwicklungs- und Bauvorhaben zeigen stets Gegensätzen und Widersprüchen, die kaum allgemeingültig aufgelöst werden können. Die Ziele und Absichten der beteiligten Wohnungs- und Bauunternehmen sind im Regelfall nachvollziehbar und abgesichert durch die amtlichen Planungs- und Genehmigungsverfahren nach Bundes- und Landesrecht. Und die Bürgermeister, Stadträte und Stadtverwaltungen der betreffenden Siedlungsräume erhoffen sich durch Nachverdichtungen üblicherweise

- ein Wachstum der Bevölkerung und die Ansiedlung von Unternehmen, also einen Anstieg von Kaufkraft und Steueraufkommen, auch Fördergelder und höhere Mittelzuweisungen von Bund und Land,
- eine Belebung der Innenstädte, die Stadt der kurzen Wege unter Erhaltung stadtgeschichtlich wichtiger Bauten und örtlicher Besonderheiten,

- die Beseitigung städtebaulicher Fehlleistungen der letzten Jahrzehnte.

Widerstand gegen Nachverdichtungen beruht nicht immer auf Abneigungen gegen Veränderungen im näheren Umfeld *(NIMBY – Not In My Backyard);* es geht auch nicht immer um Abneigungen gegen bestimmte Bevölkerungsgruppen. Oft wirkt eine Gemengelagen aus Bedürfnissen und Befürchtungen. Die gesellschaftlichen, vor allem wirtschaftlichen, Folgen der *Corona-Pandemie* und der *Energiekrise* haben Entfremdungserscheinungen zwischen Bevölkerung und Staat vertieft sowie die Belastungen der Haushalte erheblich wachsen lassen. Um sich gegen Maßnahmen im Wohnumfeld zu wehren, können Betroffene beispielsweise

- Protestinitiativen gründen, damit öffentliche Aufmerksamkeit herstellen und sich mit Betroffenen anderenorts vernetzen,
- örtliche Wahlkreisabgeordnete ansprechen, beispielsweise mit dem Ziel einer Kleinen Anfrage im jeweiligen Landesparlament zu Hintergründen des Vorhabens,
- eine Petition an das jeweilige Landesparlament richten (geregelt in den Landesverfassungen, siehe Artikel 17 des Grundgesetzes),
- über Umwelt- und Mieterverbände versuchen, Einfluss geltend zu machen (Lobbyarbeit ist nicht nur Unternehmen möglich) oder
- eine Klage gegen das Vorhaben einreichen, wenn geltendes Recht verletzt oder behördliche Verfahren fehlerhaft durchgeführt wurden.

Wie erfolgreich dies ist, zeigt sich im Einzelfall und ist abhängig vom Leidensdruck und den Ressourcen der Betroffenen sowie den Rahmenbedingungen in der jeweiligen Gemeinde. In einer vielfältigen Gesellschaft ist nahezu jeder neue Ansatz zunächst Ausdruck von *Partikularinteresse,* für das geworben werden muss, damit eine mehrheitliche Zustimmung oder zumindest Duldung entsteht. Das gilt wohlgemerkt auch für Wohnungsbauvorhaben, denn diese sind nach Größe, Lage, Ausstattung und damit dem zu erwartenden Kauf- oder Mietpreis stets auf bestimmte Bevölkerungsgruppen ausgerichtet. In einem Rechtsstaat ist zudem niemand verpflichtet, eine Rechtslage widerspruchslos hinzunehmen, die seine Lebensverhältnisse zu beeinträchtigen droht; vielmehr besteht eine moralische Verpflichtung, sich gemeinsam mit anderen in ähnlicher Lage um Verbesserungen zu bemühen. Das gilt übrigens für alle Haushalte, ob mit oder ohne Eigentum an Grund und Boden. Gerade Stadtentwicklungsplanung kann wegen der langen Fristen im Einzelfall veralten, Verfahren fehlerhaft oder Rechtsgrundlagen widersprüchlich sein. Selbst ein Wahlergebnis ist kein Freibrief für die

Gewählten. Welche Zukunft die in den Landesverfassungen festgeschriebenen, mitunter als „Mittelschicht-Veranstaltung" geringgeschätzten, Volksbegehren und Volksentscheide haben, bleibt zu beobachten.

Nicht zuletzt ein wachsendes Bewusstsein für Umweltschutz und Heimatbindungen als Gegengewicht zu Fremdbestimmung und Lebensbeschleunigung haben vielerorts den Gestaltungswillen befördert. Bundesweit gibt es zahlreiche Gruppen Gleichgesinnter, die sich für Verbesserungen ihrer Lebensbedingungen einsetzen. Es sind nicht nur Besserverdienende, die durch die Schaffung von Gemeinschaftseinrichtungen auszugleichen versuchen, was der überforderte Staat nicht leisten kann, und dabei die Freiräume einer sich schnell wandelnden Gesellschaft ergründen. Neue Bürgerlichkeit mündet auch in die Gründung von Kindergärten, Schulen, Nachbarschaftsvereinen oder Genossenschaften – nicht ohne aufgrund der damit geschehenden Umverteilung von Ressourcen neue Spannungen auszulösen. Die Wohnungs- und Grundstückswirtschaft kann das Leben in einem Siedlungsgebiet in einer Weise beeinflussen, die öffentlichen Verwaltungen nicht möglich ist: Nachhaltige Bestandsentwicklung wirkt auch noch, wenn wirtschaftlicher Aufschwung wieder abgeklungen ist; mittel- bis langfristiger Nutzen kann kurz- bis mittelfristige Störungen ausgleichen.

Von Mitbestimmung und Mitgestaltung bleiben jedoch diejenigen oft ausgeschlossen, die sich wegen Alters oder Krankheit, geringer Bildung oder mangelnder Sprachkenntnisse, aber auch aufgrund einer Ablehnung der gesellschaftlichen Verhältnisse nicht an Entscheidungen beteiligen (wollen oder können), selbst wenn grundsätzlich und ausdrücklich „alle" eingeladen sind. Die oft genannte schweigende Mehrheit ist übrigens ein noch größerer Ausschnitt aus der Bevölkerung, der sich jedoch nicht nehmen lässt, sich zu beklagen – aber etwas abzulehnen ist eben einfacher, als sich für etwas einzusetzen.

Wie schon seit Jahrhunderten übersetzen sich in verdichteten Siedlungsräumen die Lebenslagen in Wohnlagen; dies führt zur Entmischung der Bevölkerung *(Segregation)* anhand von Merkmalen wie Einkommen/Vermögen, Erwerbstätigkeit, Herkunft, Glauben oder Alter. Schon in mittelalterlichen Städten waren die Gerber- und Färbergassen am Stadtrand, in der Nähe der Stadtmauer angesiedelt, die Abdecker und Scharfrichter vor der Stadt, die wohlhabenden Kaufleute und Handwerker aber in Bestlage um Rathaus und Marktplatz. Gesellschaft ist Wandel: Jede Bevölkerung verändert sich durch Geburten und Todesfälle, durch Zu- und Abwanderung – in einer großen Stadt etwa alle 15–20 Jahre grundlegend, wirtschaftliche Umbrüche wirken beschleunigend. Die vergleichsweise beständige und wirksame Rechtsordnung sichert dabei hierzulande nach wie vor eine weitgehende Befriedung der Verhältnisse.

Handlungsbedarf

Wer sinnstiftend über die Zukunft des Wohnens und damit des Lebens in diesem Land nachdenken will, muss zunächst ergründen, wer eigentlich die deutsche Bevölkerung ist und wer sie in 10, 20, 30 Jahren sein wird: Was haben Menschen für Bedürfnisse? Welche davon sind über die Jahrhunderte gleichgeblieben und werden daher auch weiter das Handeln leiten? Was sind Entwicklungen, die sich nicht beeinflussen lassen (gibt es solche überhaupt?), und was kann oder muss gesteuert werden? Wie gestaltet sich das künftige Verhältnis von Bevölkerung, Staat und Wirtschaft?

Dass Deutschland in der nahen Zukunft erhebliche Voraussetzungen zu bewältigen hat, war schon vor *Corona-Pandemie* und *Energiekrise* deutlich. Das Ziel der *Klimaneutralität* eignet sich durchaus als Rahmen für längst erforderliche Reformen; das jedoch erfordert, die wesentlichen Zusammenhänge der Bevölkerung zu vermitteln, den zu erwartenden Belastungen jeweils Nutzen gegenzurechnen und ein Zielbild für die Zeit bis 2050 zu entwickeln. Offenkundig ist dies für eine Regierung heutzutage schwer, obwohl die erwähnten Herausforderungen teils seit Jahrzehnten bekannt sind und (das zeigen einschlägige Fachveröffentlichungen immer) in Fachbehörden, Forschungseinrichtungen und Unternehmen das nötige Wissen durchaus vorhanden ist. Wandel führt immer zu Ängsten, die hemmen und denen es zu begegnen gilt.

Tatsächlich geht es nicht ausschließlich um den Schutz des Klimas und der Umwelt (wobei das so wichtig wie dringend ist), sondern um den längst erforderlichen Umbau der gesamten Volkswirtschaft. Es geht um künftige Arbeits- und Ausbildungsplätze, um Marktanteile und Steueraufkommen, um die Rolle Deutschlands in Europa und der Welt. Mit anderen Worten können die künftige Strom-, Wasser- und Wärmeversorgung, die Siedlungsentwicklung und

M. H. Kraus, *Wohnungsmarkt in Deutschland,* essentials, https://doi.org/10.1007/978-3-658-43273-7_7

Verkehrsplanung oder die Wirtschaftsförderung nicht getrennt vom Bildungs-
und Gesundheitswesen, von Altersvorsorge und Wohnungsversorgung betrachtet
werden. Künftig ist es wichtig,

- Deutschland wieder in die Fläche hinein zu entwickeln, um die durch den
  damaligen Wandel verursachten Verluste der 80er Jahre in Westdeutschland
  und der 90er Jahre in Ostdeutschland (Landflucht, Arbeitslosigkeit, Abbau
  von Infrastruktur) auszugleichen und die grundgesetzlich geforderten gleich-
  wertigen Lebensverhältnisse in einer lebendigen Wechselbeziehung von Stadt
  und Land zu gewährleisten,
- das Wohnen steuerlich zu entlasten, insbesondere durch die (Wieder-)
  Einführung einer Wohngemeinnützigkeit und andere Maßnahmen, aber auch
  die Ausgaben der Haushalte für Wohnzwecke zu begrenzen,
- Vermieter mit örtlichen, kleinen Beständen (die in Deutschland die meisten
  Mietwohnungen anbieten) dabei zu unterstützen, ihre Bestände klimagerecht
  zu sanieren und im Rahmen ihrer Möglichkeiten neuen Wohnraum anzubieten,
- den Anteil des Wohneigentums gerade der „Normalverdienenden" zu fördern,
  vorrangig in Mehrfamilienhäusern, und selbstgenutztes Wohneigentum zu
  einem anrechenbaren, pfändungssicheren Bestandteil der Altersvorsorge zu
  machen und
- all dies im Zusammenhang einer umfassenden, langfristigen Wirtschaftsent-
  wicklung zu betreiben, um die Krise nicht zum Dauerzustand werden zu
  lassen.

Planung beruht auf einem Lagebild der Gegenwart und naturgemäß weniger
sicheren Annahmen über die Zukunft. Jede kurz- bis mittelfristig erfolgver-
sprechende Planung kann sich mittel- bis langfristig als falsch herausstellen,
spätestens wenn wichtige gesellschaftliche Rahmenbedingungen sich ändern. Niemand kann wissen, wie sich eine Stadt in den nächsten Jahrzehnten entwickelt,
ganz zu schweigen von der Wirtschaftslage Deutschlands oder Europas: Man
erinnere sich, was heute in Deutschland anders ist als vor 30 Jahren! Das heißt
aber nicht, sich dem Schicksal zu überlassen. Es gibt Gestaltungsspielräume. Zu
planen heißt vorrangig, nach bestem Wissen und Gewissen vom heutigen Stand
aus weiterzudenken. Eine vernetzte Gesellschaft benötigt keine Einzellösungen,
sondern jede Lösung muss auf mehrere Arten von Nutzen zielen (Abb. 7.1).

1. Belebung der Fläche. Erforderlich ist eine zwischen Bund, Ländern und
Gemeinden abgestimmte, mittel- bis langfristige Wirtschaftsförderung und Siedlungsentwicklung vor allem in Städten mit weniger als 200.000 Menschen:

Wohnungswirtschaft in Deutschland 2040
Zielbild mit Bezugsgrößen 44 Millionen Wohnungen/82-84 Millionen Menschen

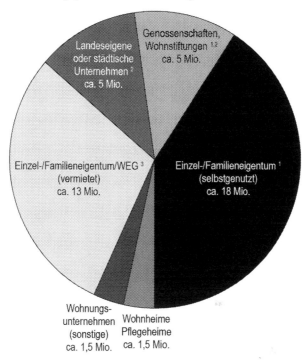

Landeseigene oder städtische Unternehmen [2] ca. 5 Mio.

Genossenschaften, Wohnstiftungen [1,2] ca. 5 Mio.

Einzel-/Familieneigentum/WEG [3] (vermietet) ca. 13 Mio.

Einzel-/Familieneigentum [1] (selbstgenutzt) ca. 18 Mio.

Wohnungsunternehmen (sonstige) ca. 1,5 Mio.

Wohnheime Pflegeheime ca. 1,5 Mio.

[1] Anrechnung auf die Altersvorsorge für die betreffenden Haushalte

[2] Wohnungsgemeinnützigkeit für die Unternehmen
oder
[3] Steuerbegünstigung bei Einhaltung von Eckwerten (Miethöhe, Ausstattung, Belegungsbindung)

Abb. 7.1   Eine „Agenda 2040"? Wohnungswirtschaft nach neuem Ansatz

Aufschwung kann sich nicht nur auf einige Ballungsräume wie Berlin, Hamburg, München, Köln-Bonn, Frankfurt, Dresden/Halle/Leipzig oder das Ruhrgebiet beschränken. Eine großräumige Entwicklung um Wachstumskerne herum ist erforderlich, um (1.) gleichwertige Lebensverhältnisse in allen Teilen Deutschlands zu gewährleisten, (2.) den wirklichen Lebensverhältnissen gerecht zu werden und (3.) einstige Handlungsräume für die künftige wirtschaftliche Entwicklung wieder nutzbar zu machen.

Wandel und Verluste von Industriestrukturen haben vor 1990 vorrangig in Nordwestdeutschland zu Bevölkerungsrückgang und Massenarbeitslosigkeit geführt, nach 1990 dann in Nordostdeutschland. Es gibt also Freiräume für Neues. Die letzten Jahre zeigten anschaulich, dass Deutschland nicht nur Dienstleistungen braucht, sondern auch Forschung, Entwicklung und Fertigung im Lande; die benötigten Flächen sind nicht in Innenstädten und Ballungsräumen zu finden. Nachhaltige und umsichtige Raumplanung ist somit aus mehreren Gründen gefragt (Bardt & Orth, 2018; Burstedde & Werner, 2019). In den letzten Jahren zeigten sich bereits vielversprechende Ansätze einer Trendumkehr vor allem in Mittelstädten mit Hochschul- und Wirtschaftsstandorten.

2. Entzerrung von Siedlungsräumen. Die Grenzen der Verdichtung von Siedlungsgebieten werden in der Presse überwiegend abgehandelt in Gestalt der Mietenbelastung oder der Bemühungen, Geflüchtete unterzubringen; auch die Überlastung von Verkehrs- und Versorgungseinrichtungen wird vielerorts beklagt. Auch aus Kosten- und Gesundheitsgründen sind so manche Siedlungsräume nicht mehr Lebensräume für alle Gruppen der Bevölkerung. Bauliche und wirtschaftliche Grenzen der Nachverdichtung (Stichworte *Skalierungsprinzipien, Urbane Metrik*) werden aber hierzulande noch wenig erforscht (Roskamm, 2011; Deilmann et al., 2017). Und noch zu wenig bewusst ist die steigende Wärmebelastung von dicht bebauten Ballungsräumen: Hitzestress in Siedlungsräumen senkt die Wirtschaftsleistung und erhöht die Sterblichkeit (Romanello et al., 2021; Rai et al., 2022; Wu et al., 2022).

Der Klimawandel und die Verdichtung fördern die Übernutzung von Trinkwasser (gerade Berlin hat seit Jahren im Sommer Schwierigkeiten mit der Wasserversorgung). Ferner steigen jährlich deutschlandweit die Schadenssummen durch Wetterereignisse mit Starkregen, Hochwasser und Überschwemmungen. Lüftungsschneisen wie Parkanlagen und Stadtforste, aber auch Entwässerung und Lärmschutz sind wichtig für gesunde städtische Lebensverhältnisse. Eine ganz wichtige Rolle hat das Stadtgrün, das sowohl Staub bindet, Lärm abschirmt und Sauerstoff erzeugt als auch das seelische Wohlbefinden erheblich stärkt (Citer et al., 2019; Grunewald et al., 2019; Wang & Tassinary, 2019; Pereira Barbosa et al., 2021).

Auflockerung bedeutet nicht zwingend Zersiedlung und Versiegelung von Freiflächen: Kleine und mittlere Städte verfügen vielerorts über Flächen für kleine, sich in das Stadtbild einfügende Nachverdichtungen, zudem umnutzbare oder ausbaubare Liegenschaften und Platz für Gewerbeansiedlungen. Ein Vorgehen ist gefragt, das Bund, Länder und Gemeinden zusammenbringt: Wie kann staatliche Förderung zielgenau angewendet, wie das Engagement der Ortsansässigen gestützt werden? Ansätze für eine Wiederbesiedlung ausgedünnter ländlicher Räume gab und gibt es durchaus (Links & Volke, 2009; Slupina et al., 2015; Dähner et al., 2019).

3. Umbau vor Neubau. Bekanntlich benötigen Bauwerke einschließlich Errichtung, Betrieb, Instandhaltung und Abbruch erhebliche Anteile der *Primärenergie* eines modernen Landes. Doch ist damit zu rechnen, dass bis 2040 ein großer Anteil der seit 1990 errichteten Bauten beseitigt oder zumindest mit hohem Aufwand umgebaut werden muss – vor allem Gewerbebauten, Bürohäuser und Einkaufspassagen. Hier gibt es Möglichkeiten für eine Auflockerung übernutzter städtischer Räume und eine bedarfsgerechte Belebung von Innenstädten im Rahmen einer Stadtplanung, die aber auch ein weiteres Umfeld einbezieht.

Übergangssiedlungen *(Temporär-Modulsysteme, Tiny Homes, …)* an Stadträndern oder die Förderung von Wohneinrichtungen für Auszubildende und Studierende in Ballungsräumen sind weitere Ansätze. Gelegentlich debattierte Gedanken der lenkenden Umverteilung von Wohnraum sind verfehlt, da sie sich regelmäßig nur auf Mietwohnungen beziehen und die heikle Frage der Zweit- und Ferienwohnungen oder des höheren Flächenverbrauchs von Eigenheimen übergehen.

4. Verkehrsplanung. Wenn eine zukunftsfähige Raumentwicklung Stadt und Land wieder mehr verbindet (Stichwort *Mobilitätskonzepte*), heißt das auch, dass sich Nahverkehr zwischen kleinen Orten wieder lohnt, dass Schulen und Kindertagesstätten wieder betrieben werden können. Naturgemäß wird es jedoch weiterhin erforderlich sein, dass ländliche und kleinstädtische Haushalte eigene Fahrzeuge nutzen, während dies in der Großstadt eher verzichtbar ist. Vernetzung und neue Arbeitsinhalte machen aber vielerorts lange Wege Branchen zunehmend überflüssig.

5. Strom-, Wasser-, Wärmeversorgung. Die Maßnahmen gegen den Klimawandel befördern, sind sie denn dereinst umgesetzt, eine örtliche, kleinteilige Versorgung mit Strom, Wasser und Wärme. Schon in den vergangenen Jahren wurden in zahlreichen, vor allem kleineren Ortschaften Stadtwerke gegründet. Das befreit die Betreffenden nicht nur teils von den Preisentwicklungen auf den Rohstoffmärkten, sondern stärkt auch die Widerstandsfähigkeit *(Resilienz)* der Siedlungsräume: Kriegsführung bedeutet heutzutage nicht mehr zwingend das Bombardieren von Städten; Angriffe auf Versorgungsnetze und Verkehrsein-richtungen können mit vergleichsweise wenig Aufwand hohe Schadwirkungen verursachen (Stichworte *Sabotage, Cyber Attacks*). Erfahrungsgemäß ist die Bevölkerung entzerrter, insbesondere ländlicher Gegenden zudem eher in der Lage, Krisenfälle dank Selbsthilfe und Vorratshaltung zu überstehen.

6. Wohnraum und Altersvorsorge. Da etwa die Hälfte aller Haushalte von örtlichen Mietwohnungsmärkten abhängig ist, ist sie auch anfällig für die Steigerungen der Lebenshaltungskosten. Oft handelt es sich um die Bevölkerungsgruppen, die anteilsmäßig die höchsten Anteile ihres Einkommens an die gesetzliche Rentenversicherung abführen müssen, aber die geringsten Renten oder nur Grundsicherung erwarten können (Zugewanderte haben über-haupt keine Anwartschaften). Und wie erwähnt belasten staatliche Beihilfen für Wohnkosten das Steueraufkommen immer stärker.

Altersvorsorge und (selbstgenutztes) Wohneigentum gerade für Haushalte mit geringem Einkommen müssen künftig im Zusammenhang gedacht wer-den: Niederschwellige, pfändungssicher zu gestaltende und auf die Renten-versicherungspflicht anzurechnende Wohneigentumsformen können wie oben erwähnt Abhilfe schaffen. Eine erste Untersuchung zeigte, dass es langfristig aus mehreren Gründen sinnvoller sein kann, Haushalten mit geringen Einkom-men staatliche Wohneigentumsförderung statt der üblichen Beihilfen zur Deckung der Mietkosten zu gewähren (Abraham et al., 2016). Hier ging es hier vor-rangig um Neubau; solche Modelle sind wegen der Preissteigerungen nun nicht mehr darstellbar. Statt dessen ist zu prüfen, wie preisgünstiger Wohnraum in Bestandsbauten entweder in Genossenschaften oder Wohnstiftungen überführt oder durch Mietkaufmodelle an die dort Wohnenden übertragen werden können. Das wiederum bedarf eines zeitgemäßen Rechtsrahmens, der die Bindung der Haushalte an die Liegenschaft stärkt.

7. Rechtsentwicklung. Seit dem Berliner Volksentscheid zu Enteignung großer Wohnungsunternehmen ist eine Entwicklungsrichtung erkennbar – hin zu den einschlägigen Regelungen der Weimarer Reichsverfassung. Nachdem 2019 bere-its der Wissenschaftliche Parlamentsdienst des Berliner Abgeordnetenhauses die Enteignung als rechtlich durchführbar bewertet hatte, kam die 2021 einge-setzte Expertenkommission zu einer ähnlichen Einschätzung hinsichtlich einer Vergesellschaftung (Abgeordnetenhaus, 2019; Expertenkommission, 2023). Der derzeitige Berliner Senat will ein Vergesellschaftungsgesetz schaffen, das erst-mals in Deutschland seit der Weimarer Zeit auch auf die sonstige Infrastruktur, insbesondere die Strom-, Wärme- und Wasserversorgung gerichtet wäre – vorbehaltlich der Prüfung durch das Bundesverfassungsgericht.

Das ist keine kurzfristige Lösung, könnte aber bei Erfolg der Bemühungen vor allem durch das Abschrecken ausländischer Kapitalgesellschaften die Preisentwicklungen dämpfen, staatliche Regelungsansätze zeitgemäß bündeln und mittelfristig eine *Kommunalisierung*, langfristig eine *Reprivatisierung* zugunsten der Haushalte der jeweiligen Einzugsgebiete ermöglichen: Bis 2040 könnte der Anteils des selbstgenutzten Einzel- und genossenschaftlichen Wohneigentums in Deutschland mehr als zwei Drittel der Haushalte umfassen, das restliche Drittel städtische/landeseigene sowie nur noch kleinere marktwirtschaftlich handelnde Wohnungsunternehmen. Das wiederum würde ermöglichen, die bisher üblichen Mietspiegel durch die Festschreibung einer Grundversorgung (hinsichtlich der Größenverhältnisse und Ausstattung von Wohnraum) abzulösen, die staatlich zu garantieren ist und/oder als Eckwert für staatliche Unterstützungsleistungen sowie für steuerliche Entlastungen gilt.

Eine Überwachung des Mietwohnungsmarktes kann auch nach heutiger Rechtslage durch einzelne Städte oder Bundesländer geschehen, wenn dies zum Schutz der Mieter vor wirtschaftlich gefährdenden Mietsteigerungen geboten erscheint (Weber, 2018). Dies umfasst Mietpreisbegrenzungen, Belegungsbindungen und das Verbot der Fehlnutzung von Wohnungen, etwa für Gewerbezwecke. Ein Wohnungskataster ist dafür sowie für begleitende Forschungszwecke und melderechtliche Abgleiche nicht verzichtbar (und würde nach heutiger Lage an verschiedenen Widerständen scheitern).

Die (Wieder-)Einführung der Wohnungsgemeinnützigkeit, im Wesentlichen ein Verzicht auf Ertrags-, Gewerbe- und Körperschaftssteuer für (vor allem städtische und genossenschaftliche) Wohnungsunternehmen, die sich ausschließlich der Wohnungsversorgung für die Allgemeinheit widmen, könnte ergänzt werden durch eine Steuerentlastung für Einnahmen aus Vermietung von Einzel- und Familieneigentum sowie günstige Sanierungskredite und Fördermittel.

8. Beseitigung von Leerstand. Mögliche Ansätze wurden und werden immer wieder debattiert und umfassen

- Umzugsbeihilfen und Siedlungsprämien für Haushalte, die in weniger nachfragte Gebiete ziehen, verbunden mit gezielter Wirtschaftsförderung für die dortige kleine und mittelständische Wirtschaft,
- Grundstückskataster für Brachflächen und Mietenkataster für Siedlungsräume (die dann der Steuerung von Fördermaßnahmen und der wissenschaftlichen Untersuchung dienen könnten),

- Vermietungs- und Veräußerungsauflagen für Zweit- und Ferienwohnungen in Ballungsräumen,
- Schaffung von Rechtsgrundlagen für einen Wohnungstausch ohne Mietsteigerungen sowie umfassende behördliche Eingriffsmöglichkeiten bei der Beschlagnahme leerstehender Gebäude (auch solcher des Beherbergungsgewerbes) und deren Ertüchtigung zu Wohnzwecken im Wege der Ersatzvornahme oder die
- Einräumung von Dauerwohnrechten für Haushalte, die längerfristig leerstehenden (städtischen) Wohnraum in Eigenleistung ertüchtigen und instandhalten.

9. Schaffung von Wohnraum. Auch hier wurden und werden immer wieder Lösungsansätze erwogen, aber selten im Zusammenhang betrachtet, seien es

- eine zumindest zeitweilige Minderung der Umsatzsteuer auf Leistungen und Lieferungen, die der Sanierung und dem Bau von Wohnungen oder Wohngebäuden dienen, sowie die Abschaffung der Grunderwerbssteuer für Wohneigentum,
- eine Belegungsbindung und Mietbegrenzung für nicht-gemeinützige Wohnungsunternehmen, wofür Sanierungs- und andere Fördermittel gewährt werden sowie
- eine Beschränkung baulicher Vorgaben auf das für den Klimaschutz des jeweiligen Gebäudes Notwendige.

Die herkömmliche öffentliche Förderung des Mietwohnungsbaus ist nicht mehr zeitgemäß: Die mit Steuermitteln gewährleisteten Einstiegsmieten sind oft nicht wirklich günstig, Mietsteigerungen sind eingeplant, und nach Auslaufen der Förderung müssen die Haushalte oft mit weiteren Steuermitteln in Gestalt des Wohn- oder Bürgergeldes weiter unterstützt werden. Eine Umstellung auf Mietkaufmodelle mit dem Ziel des Eigentums nicht im klassischen Eigenheim, sondern in städtischen Geschosswohnungen, ist langfristig sinnvoller, um mittelfristig Ortsbindung und Engagement zu fördern, langfristig die Altersvorsorge der Haushalte zu stärken und Lebensplanung zu ermöglichen.

10. Bevölkerungsschutz und Notstandsgesetzgebung. Schon vor etwa 15 Jahren beklagten Fachleute die fehlende Krisenfähigkeit von Siedlungsräumen. Dabei geht es nicht nur um Aufruhr und Anschläge, vielmehr um das zielgerichtete Handeln bei Stromausfällen, Großbränden, Überschwemmungen, Störfällen in siedlungsnahen Betrieben oder Kraftwerken sowie Unfällen mit Chemikalientransporten. Trotz zunehmender Vernetzung von Behörden und Branchen haben auch Wohnungsunternehmen hier Nachholbedarf. Die starke Abhängigkeit von der Stromversorgung und die verbesserungsbedürftige Ausstattung örtlicher Feuerwehren und Rettungsdienste können bei längeren Stromausfällen in dicht besiedelten Gebieten zu großen Schwierigkeiten bei der Versorgung führen und Menschenleben gefährden. Ein neues, fachübergreifende Sicherheitsdenken (statt eines ständigen Ausnahmezustands) und die Entzerrung von Siedlungsräumen (statt flächendeckender Verdichtung) sind geboten. Ein wie bisher überwiegend ehrenamtlicher Katastrophenschutz ist nur noch bedingt zeitgemäß; Landesverteidigung und Bevölkerungsschutz (nach innen und außen) gehören zwingend zusammen.

Die Wohnungswirtschaft ist weder im Zivilschutz- und Katastrophenhilfegesetz (ZSKG) noch in der Verordnung zur Bestimmung Kritischer Infrastrukturen nach dem BSI-Gesetz (BSI-KritisV) erwähnt – anders als das Gesundheitswesen oder die Strom-, Wasser- oder Lebensmittelversorgung. Nach den teils wenig überzeugenden Regelungsbemühungen in der *Corona-Pandemie* zeigt sich die Notwendigkeit einer einschlägigen Rechtsgrundlage für die Wohnungswirtschaft zur Anwendung in landes- oder bundesweiten Notlagen (einschließlich Kündigungsverbote, Belegungsbindungen, Wohnungszuweisungen, Mietbegrenzungen/-stundungen), die sich in den Kanon der Notstandsgesetze insbesondere aus Arbeitssicherstellungsgesetz (ASG), Wirtschaftssicherstellungsgesetz (WiSiG), Energiesicherungsgesetz (EnSiG), Verkehrssicherstellungsgesetz (VerkSiG) oder Verkehrsleistungsgesetz (VerkLG) einfügt.

Die kommenden Jahre werden zeigen, ob sich Deutschland eher in Richtung des „starken" oder des „körperschaftlich-arbeitsteiligen Staates" entwickelt. Das wiederum formt das künftige Verhältnis von Europa und Deutschland ebenso wie von Bund und Ländern, die künftigen Machtverhältnisse und Werthaltungen, damit Wirtschaft und Raumordnung. Krisensituationen stärken erfahrungsgemäß den Staat, und dessen Verschuldung setzt sinnvollen Vorhaben Grenzen. Nun sind gesellschaftliche Verhältnisse nicht mit einfachen Einteilungen (Ober-, Mittel-, Unterschicht) erklärbar. Siedlungsräume aber leben durch die alltäglichen Wechselbeziehungen vieler Einzelner, die sich in verschiedenen, immer wieder überlagerten Lebensverhältnissen zusammenfinden und deren Gesamtheit ein nur bedingt beherrschbares Gemeinwesen bildet. Sie sind lebendige Schnittmengen verschiedener Lebenswelten. Im städtischen Leben entsteht Ambivalenz im Spannungsfeld zwischen Gleichgültigkeit und Misstrauen: Während die einen Anonymität anstreben, wollen die anderen (aufgrund schlechter Erfahrungen?) Kontrolle über ihr Umfeld. Das Gleichgewicht zwischen zu viel und zu wenig Sicherheit muss immer wieder neu gefunden werden: Wollen wir regen Umgang mit unseren Nachbarn oder am liebsten in Ruhe gelassen werden? Nun erleichtert die Lockerung traditioneller Bindungen in der Moderne die Auswahl zwischen Bindungsangeboten, aber Auswahl will gelernt sein, und der diesbezügliche Wettbewerb ist nicht zwingend gerecht; dies gilt auch für die Such- und Auswahlbewegungen in den Wohnungsmärkten. Können Menschen aus eigener Kraft gegenwirken, um ihr Leben zu gestalten und gemeinsam mit anderen in ähnlichen Lebenslagen zu verbessern, bedeutet dies auch Hoffnung für die Lebensverhältnisse in Stadt und Land.

Was Sie aus diesem *essential* mitnehmen können

- Wissenswertes über gesellschaftliche Zusammenhänge,
- einige Denkansätze für die Zukunft des Wohnens,
- einen Roten Faden für das Nachdenken über das Wohnen in Gegenwart und Zukunft.

Anhang

Fachbehörden, Forschungseinrichtungen, Verbände

ARL Akademie für Raumentwicklung (Leibniz-Gemeinschaft), Vahrenwalder Straße 247, 30179 Hannover, https://www.arl-net.de

Alternativer Mieter- und Verbraucherschutzbund e. V., Arbeitgeberverband der Deutschen Immobilienwirtschaft e. V., Peter-Müller-Straße 16, 40468 Düsseldorf, https://www.agv-online.de

BBR Bundesamt für Bauwesen und Raumordnung, BBSR Bundesinstitut für Bau-, Stadt- und Raumforschung, Deichmanns Aue 31–37, 53179 Bonn, https://www.bbr.bund.de, https://www.bbsr.bund.de

BVI Bundesfachverband der Immobilienverwalter e. V., Littenstraße 10, 10179 Berlin (Mitte), https://www.bvi-verwalter.de

BMWSB Bundesministerium für Wohnen, Stadtentwicklung und Bauwesen, Krausenstraße 17–18, 10117 Berlin, *bmwsb.bund.de* (Deutschlandatlas mehrerer Bundesministerien: https://www.deutschlandatlas.bund.de)

Deutscher Mieterbund e. V., Littenstraße 10, 10179 Berlin (Mitte), https://www.mieterbund.de

GdW Bundesverband deutscher Wohnungs- und Immobilienunternehmen e. V., Klingelhöferstraße 5, 10785 Berlin (Tiergarten), https://www.gdw.de

Haus & Grund Deutschland – Zentralverband der Deutschen Haus-, Wohnungs- und Grundeigentümer e. V., Mohrenstraße 33, 10117 Berlin (Mitte), https://www.hausundgrund.de

IfL Institut für Länderkunde (Leibniz-Gemeinschaft), Schongauerstraße 9, 04328 Leipzig, https://leibniz-ifl.de (Nationalatlas der Raumentwicklung: https://www.nationalatlas.de)

Immobilienverband IVD Bundesverband e. V., Littenstraße 10, 10179 Berlin (Mitte), https://ivd.net

M. H. Kraus, *Wohnungsmarkt in Deutschland,* essentials, https://doi.org/10.1007/978-3-658-43273-7

IRS Leibniz-Institut für Raumbezogene Sozialforschung, Flakenstraße 29–31, 15537 Erkner, https://leibniz-irs.de

Mieterschutzbund e. V., Kunibertistraße 34, 45657 Recklinghausen, https://www.mieterschutzbund.de

Statistisches Bundesamt, Gustav-Stresemann-Ring 11, 65189 Wiesbaden, https://www.destatis.de (Regionalatlas des Bundesamtes und der Landesämter: https://regionalatlas.statistikportal.de)

VDIV Verband der Immobilienverwalter Deutschland e. V., Leipziger Platz 9, 10117 Berlin (Mitte), https://www.vdiv.de

Verband Wohneigentum e. V., Oberer Lindweg 2, 53129 Bonn, https://www.verband-wohneigentum.de

Verbraucherzentrale Bundesverband e. V., Rudi-Dutschke-Straße 17, 10969 Berlin (Kreuzberg), https://www.zbv.de

ZIA Zentraler Immobilien Ausschuss e. V., Leipziger Platz 9, 10117 Berlin (Mitte), https://www.zia-deutschland.de

Auszug aus dem Grundgesetz (GG)

Artikel 14. *(1) Das Eigentum und das Erbrecht werden gewährleistet. Inhalt und Schranken werden durch die Gesetze bestimmt.*

(2) Eigentum verpflichtet. Sein Gebrauch soll zugleich dem Wohle der Allgemeinheit dienen.

(3) Eine Enteignung ist nur zum Wohle der Allgemeinheit zulässig. Sie darf nur durch Gesetz oder auf Grund eines Gesetzes erfolgen, das Art und Ausmaß der Entschädigung regelt. Die Entschädigung ist unter gerechter Abwägung der Interessen der Allgemeinheit und der Beteiligten zu bestimmen. Wegen der Höhe der Entschädigung steht im Streitfalle der Rechtsweg vor den ordentlichen Gerichten offen.

Artikel 15. *Grund und Boden, Naturschätze und Produktionsmittel können zum Zwecke der Vergesellschaftung durch ein Gesetz, das Art und Ausmaß der Entschädigung regelt, in Gemeineigentum oder in andere Formen der Gemeinwirtschaft überführt werden. Für die Entschädigung gilt Artikel 14 Abs. 3 Satz 3 und 4 entsprechend.*

Auszug aus der Weimarer Reichsverfassung (WRV) von 1919 (https://www.verfassungen.de/de19-33)

Artikel 7. *(1) Das Reich hat die Gesetzgebung über ... 12. das Enteignungsrecht; 13. die Vergesellschaftung von Naturschätzen und wirtschaftlichen*

Unternehmungen sowie die Erzeugung, Herstellung, Verteilung und Preisgestaltung wirtschaftlicher Güter für die Gemeinwirtschaft; ....

Artikel 151. *Die Ordnung des Wirtschaftslebens muss den Grundsätzen der Gerechtigkeit mit dem Ziele der Gewährleistung eines menschenwürdigen Daseins für alle entsprechen. In diesen Grenzen ist die wirtschaftliche Freiheit des einzelnen zu sichern. Gesetzlicher Zwang ist nur zulässig zur Verwirklichung bedrohter Rechte oder im Dienst überragender Forderungen des Gemeinwohls. Die Freiheit des Handels und Gewerbes wird nach Maßgabe der Reichsgesetze gewährleistet.*

Artikel 152. *Im Wirtschaftsverkehr gilt Vertragsfreiheit nach Maßgabe der Gesetze. Wucher ist verboten. Rechtsgeschäfte, die gegen die guten Sitten verstoßen, sind nichtig.*

Artikel 153. *(1) Das Eigentum wird von der Verfassung gewährleistet. Sein Inhalt und seine Schranken ergeben sich aus den Gesetzen.*

(2) Eine Enteignung kann nur zum Wohle der Allgemeinheit und auf gesetzlicher Grundlage vorgenommen werden. Sie erfolgt gegen angemessene Entschädigung, soweit nicht ein Reichsgesetz etwas anderes bestimmt. Wegen der Höhe der Entschädigung ist im Streitfalle der Rechtsweg bei den ordentlichen Gerichten offen zu halten, soweit Reichsgesetze nichts anderes bestimmen. Enteignung durch das Reich gegenüber Ländern, Gemeinden und gemeinnützigen Verbänden kann nur gegen Entschädigung erfolgen.

(3) Eigentum verpflichtet. Sein Gebrauch soll zugleich Dienst sein für das Gemeine Beste.

Artikel 154. *(1) Das Erbrecht wird nach Maßgabe des bürgerlichen Rechtes gewährleistet.*

(2) Der Anteil des Staates am Erbgut bestimmt sich nach den Gesetzen.

Artikel 155. *(1) Die Verteilung und Nutzung des Bodens wird von Staats wegen in einer Weise überwacht, die Missbrauch verhütet und dem Ziele zustrebt, jedem Deutschen eine gesunde Wohnung und allen deutschen Familien, besonders den kinderreichen, eine ihren Bedürfnissen entsprechende Wohn- und Wirtschaftsheimstätte zu sichern. ...*

(2) Grundbesitz, dessen Erwerb zur Befriedigung des Wohnungsbedürfnisses, zur Förderung der Siedlung und Urbarmachung oder zur Hebung der Landwirtschaft nötig ist, kann enteignet werden. ...

(3) Die Bearbeitung und Ausnutzung des Bodens ist eine Pflicht des Grundbesitzers gegenüber der Gemeinschaft. Die Wertsteigerung des Bodens, die ohne eine Arbeits- oder Kapitalaufwendung auf das Grundstück entsteht, ist für die Gesamtheit nutzbar zu machen. ...

Artikel 156. *(1) Das Reich kann durch Gesetz, unbeschadet der Entschädigung, in sinngemäßer Anwendung der für Enteignung geltenden Bestimmungen,* *für die Vergesellschaftung geeignete private wirtschaftliche Unternehmungen in Gemeineigentum überführen. Es kann sich selbst, die Länder oder die Gemeinden an der Verwaltung wirtschaftlicher Unternehmungen und Verbände beteiligen oder sich daran in anderer Weise einen bestimmenden Einfluss sichern.*

(2) Das Reich kann ferner im Falle dringenden Bedürfnisses zum Zwecke der Gemeinwirtschaft durch Gesetz wirtschaftliche Unternehmungen und Verbände auf der Grundlage der Selbstverwaltung zusammenschließen mit dem Ziele, die Mitwirkung aller schaffenden Volksteile zu sichern, Arbeitgeber und Arbeitnehmer an der Verwaltung zu beteiligen und Erzeugung, Herstellung, Verteilung, Verwendung, Preisgestaltung sowie Ein- und Ausfuhr der Wirtschaftsgüter nach gemeinwirtschaftlichen Grundsätzen zu regeln.

(3) Die Erwerbs- und Wirtschaftsgenossenschaften und deren Vereinigungen sind auf ihr Verlangen unter Berücksichtigung ihrer Verfassung und Eigenart in die Gemeinwirtschaft einzugliedern.

Artikel 164. *(1) Der selbständige Mittelstand in Landwirtschaft, Gewerbe und Handel ist in Gesetzgebung und Verwaltung zu fördern und gegen Überlastung und Aufsaugung zu schützen.*

Literatur

Abgeordnetenhaus von Berlin, Wissenschaftlicher Parlamentsdienst. (2019). Gutachten zur rechtlichen Bewertung der Forderungen der Initiative „Deutsche Wohnen & Co. Enteignen".

Abraham, J., et al. (2016). *Eigentumsbildung 2.0. Wie kann Wohneigentum die Mietwohnungsmärkte entlasten.* Pestel-Institut.

Bachelard, G. (1994/1958). The Poetics of Space (La poétique de l'espace). Beacon Press.

Bardt, H., & Orth, A. K. (2018). Schrumpfende Boomregionen in Deutschland. IW-Report 49/18. Institut der deutschen Wirtschaft.

BBSR Bundesinstitut für Bau-, Stadt- und Raumforschung. (2017). *Börsennotierte Wohnungsunternehmen als neue Akteure auf dem Wohnungsmarkt – Börsengänge und ihre Auswirkungen.*

dies. (2018). *Erfolgsfaktoren für Wohnungsbauvorhaben im Rahmen der Innenentwicklung von dynamischen Städten.*

BMIBH Bundesministerium des Innern, für Bau und Heimat. (2020). *Vierter Bericht der Bundesregierung über die Wohnungs- und Immobilienwirtschaft in Deutschland und Wohngeld- und Mietenbericht 2020.*

Bollnow, O. F. (1976/1963). Mensch und Raum. Kohlhammer.

Brauer, K.-U. (Hrsg.). (2019). *Grundlagen der Immobilienwirtschaft.* Springer Gabler.

Bryson, B. (2011/2010). At home. A short history of private life. Black Swan/Transworld.

Burstedde, A., & Werner, D. (2019). *Von Abwanderung betroffene Arbeitsmärkte stärken.* IW-Report 26/2019. Institut der deutschen Wirtschaft.

Christmann, G., et al. (2016). *Die resiliente Stadt in den Bereichen Infrastrukturen und Bürgergesellschaft.* Forschungsforum Öffentliche Sicherheit/Freie Universität Berlin.

Chua, P. L. C., et al. (2022). Associations between ambient temperature and enteric infections by pathogen: A systematic review and meta-analysis. *Lancet Planet Health, 6,* e202-18.

Citer, C. D., et al. (2019). Scale-dependent interactions between tree canopy cover and impervious surfaces reduce daytime urban heat during summer. *Proceedings of the National Academy of Sciences, 116*(15), 7575–7580.

Dähner, S., et al. (2019). *Urbane Dörfer.* Berlin-Institut für Bevölkerung und Entwicklung Berlin.

Deilmann, C., et al. (Hrsg.) (2017). *Stadt im Spannungsfeld von Kompaktheit, Effizienz und Umweltqualität.* Springer.

Expertenkommission zum Volksentscheid. (2023). *Vergesellschaftung großer Wohnungsunternehmen. Abschlussbericht.*

Flagge, I. (Hrsg.) (1999). *Geschichte des Wohnens* (Bd. 5). 1945 bis heute. DVA.

Gruebner, O., et al. (2017). Risiko für psychische Erkrankungen in Städten. *Deutsches Ärzteblatt International, 114*(8), 121–127.

Grunewald, K., et al. (2019). Multi-indicator approach for characterising urban green space provision at city and city-district level in Germany. *International Journal of Environmental Research and Public Health, 16,* 2300. https://doi.org/10.3390/ijerph16132300.

Häußermann, H., & Siebel, W. (1996). *Soziologie des Wohnens.* Beltz.

Häußermann, H., et al. (2004). *An den Rändern der Städte.* Suhrkamp.

ders. et al. (2008). *Stadtpolitik.* Suhrkamp.

Heidegger, M. (1985). *Vorträge und Aufsätze.* Günther Neske.

Heilborn, A. (1924). *Die Reise durchs Zimmer.* Ullstein.

Henger, R., & Voigtländer, M. (2019). *Wohnungsleerstand in Deutschland und seinen Kreisen.* IW-Report 23/2019. Institut der Deutschen Wirtschaft.

dies. (2019). *Ist der Wohnungsbau auf dem richtigen Weg?* IW-Report 28/2019. Institut der Deutschen Wirtschaft.

Hillier, B., & Hanson, J. (2005/1984). *The social logic of space.* Cambridge University Press.

Kähler, G. (Hrsg.). (2000). *Geschichte des Wohnens* (Bd. 4. 1918–1945). DVA.

Karacsonyi, D., et al. (2021). *The demography of disasters. Impacts for population and place.* Springer Nature.

Kerner, F. (1996). *Wohnraumzwangswirtschaft in Deutschland.* Lang.

Khanna, P. (2021). *Move. The forces uprooting us.* Scribner.

Knigge, A. Frhr. (1788/1993). *Ausgewählte Werke* (Bd. 6). Über den Umgang mit Menschen. Fackelträger.

Kraus, M. H. (2019). *Streitbeilegung in der Wohnungswirtschaft.* Haufe-Lexware.

ders. (2023). *Raumbegriff und Raumordnung.* Springer.

Kuhbandner, C., & Reitzner, M. (2023). Estimation of Excess Mortality in Germany during 2020–2022. *Cureus, 15*(5). https://doi.org/10.7759/cureus.39371.

Links, C., & Volke, K. (2009). *Zukunft erfinden. Kreative Projekte in Ostdeutschland.* Links.

Masselot, P., et al. (2023). Excess mortality attributed to heat and cold: A health impact assessment study in 854 cities in Europe. *Lancet Planet Health, 7,* e271-81.

Pereira Barboza, E., et al. (2021). Green space and mortality in European cities: A health impact assessment study. *Lancet Planet Health, 5,* e718-30.

Rai, M., et al. (2022). Future temperature-related mortality considering physiological and socioeconomic adaptation: A modelling framework. *Lancet Planet Health, 6,* e784-92.

Reichenbach, G., et al. (2008). *Grünbuch Risiken und Herausforderungen für die öffentliche Sicherheit in Deutschland.* Zukunftsforum Öffentliche Sicherheit Berlin.

Reulecke, J. (Hrsg.). (1997). *Geschichte des Wohnens* (Bd. 3, 1800–1918). DVA.

Romanello, M., et al. (2021). The 2021 report of the Lancet Countdown on health and climate change: Code Red for a healthy future. Lancet. https://doi.org/10.1016/S0140-673 6(21)01787-6.

Roskamm, N. (2011). *Dichte.* Transcript.

Sixtus, F., et al. (2019). *Teilhabeatlas Deutschland. Ungleichwertige Lebensverhältnisse und wie die Menschen sie wahrnehmen.* Berlin-Institut für Bevölkerung und Entwicklung Berlin.

Sloterdijk, P. (1999). *Sphären II. Globen.* Suhrkamp.

ders. (2004). *Sphären III. Schäume.* Suhrkamp.

Slupina, M., et al. (2015). *Von Hürden und Helden.* Berlin-Institut für Bevölkerung und Entwicklung.

Statistisches Bundesamt (Destatis). (2022). Bautätigkeit und Wohnungen. Bestand an Wohnungen. Fachserie 5, Reihe 3.

Trentmann, F. (2019/2016). *Herrschaft der Dinge.* Pantheon/Random House.

UN/DESA United Nations, Department of Economic and Social Affairs. (2022). *World Population Prospects.*

Vollset, S. E., et al. (2020). Fertility, mortality, migration, and population scenarios for 195 countries and territories from 2017 to 2100: A forecasting analysis for the Global Burden of Disease Study. *Lancet, 396,* 1285–1306.

Wang, H., & Tassinary, L. G. (2019). Effects of greenspace morphology on mortality at the neighbourhood level: A cross-sectional ecological study. *Lancet Planet Health, 3,* 460–468.

Weber, P. (2018). Mittel und Wege landesrechtlichen Mietpreisrechts in angespannten Wohnungsmärkten. *Juristen Zeitung, 73*(21), 1022–1029.

Wu, Y., et al. (2022). Global, regional, and national burden of mortality associated with short-term temperature variability from 2000–2019: A three-stage modelling study. *Lancet Planet Health, 6,* e410-21.

Printed in the United States
by Baker & Taylor Publisher Services